山梨学院大学行政研究センター
山梨学院大学大学院社会科学研究科

第13回（2002年度）公開シンポジウム

中心市街地の活性化に向けて

地方自治ジャーナル
ブックレットNo.34

はしがき

都市の中心部にあった住宅や事業所が郊外に流出し、それとともに郊外の新興住宅地が発展するという現象はここ二十年以上前から大都市を中心として起こってきています。いわゆる都市の中心市街地衰退問題ですが、この現象は今ではほとんどの地方都市の問題となってきています。県庁所在都市である山梨県甲府市においても例外ではありません。

この都市の中心市街地の衰退をどうとらえたらよいのか、都市の戦略としてどのような対策を考えればよいのか、そこに住む住民としてどのような都市環境がよいのかなどまちづくりの問題として考える必要があります。

そこで、山梨学院大学行政研究センターおよび同大学大学院社会科学研究科との共催で、二〇〇二年十月十八日に、「中心市街地の活性化に向けて」をテーマに公開シンポジウムを開催いたしました。幸い、商店街の関係者、行政の都市計画担当者をはじめ一般住民多数の方々の参加を得て活発な議論が展開されました。この冊子は、この公開シンポジウムをまとめたものです。これからの中心市街地の活性化を考える資料として活用いただければ幸いです。

二〇〇三年二月

山梨学院大学行政研究センター所長　濱田　一成
山梨学院大学大学院社会科学研究科長　椎名慎太郎

第13回公開シンポジウム

中心市街地の活性化に向けて

▲貴重な実践体験を語る
報告者のみなさん

▲報告を熱心に聴く参加者たち

開会のあいさつ

椎名慎太郎
（山梨学院大学大学院社会科学研究科長）

皆さんこんにちは、今日のシンポジウムの開催主体の一つであります大学院社会科学研究科の研究科長を務めております椎名と申します。この行政研究センターの方では顧問という役割をしております。

実は毎年共催ということで挨拶をさせていただいておりますが、この大学の行政研究センターは、国際的かつ全国的視野を持ちつつ地域における自治体、及び公共性の研究調査を行うとともに、公共的団体機関などから企画調査もしてきたということで、一九九〇年に設立された研究所です。

その翌年一九九一年にこの大学の法学部に行政学科、その名前が最近政治行政学科と名称が変わりましたが、その時に政治行政関係のスタッフを大勢集めたということで、全国の行政研究の中心になろうということで歩んでまいりました。ささやかな歩みですが、今回が一三回目のシンポジウムということでして、多少なりともこの面の研究のある種の主要な役割を果し得たのではないかというふうに考えております。

また、この大学院の社会科学研究科は、実は、夜授業をやっております。社会人のためを主な狙いとした大学院です。今日のこの会場にも何人か卒業生の顔が見えておりますが、県庁の職員、自治体の議員、企業にお勤めの方など、様々な方が、若い大学を出たばかりの若者と、年令の開きが一番大きかったのは五〇歳ぐらい、そういう中で一緒にテーブルを囲んでディスカッションをする、そんな風景でやっている大学院です。

今回は「中心市街地の活性化に向けて」という課題です。

山梨県にとって、あるいは全国の多くの都道府県にとって深刻な問題として今考えられている、あるいは悩みのタネになっている問題ではないかと思っておりますし、解決の容易な問題であるというふうには多分どなたもお考えになっていないと思います。我が山梨県にとっても、山梨のまちづくり、経済の建て直し、あるいは人の心の建て直しをどうするかというような問題が道路整備をどうするかというハードの面の課題など、非常にたくさんの課題を一緒に考えるという、大変難しい課題ではないかと思います。

今日は、時間的に大変限られておりますが、ぜひパネラーの方々の熱心な討議と皆さんとのディスカッションの中で解決の方向が見い出せていくということを期待しております。

【中井道夫】（コーディネーター・山梨学院大学法学部教授）　政治行政学科の中井と申します。今日はコーディネーターを勤めさせていただきます。

全国ほとんどの地方都市の中心市街地が衰退をしてきているということが言われております。いずれも中心市街地イコール中心商店街という場合が多いものですから、この中心商店街の衰退現象をどうするのかという問題が大きい課題になっております。

この中心市街地の中にある中心商店街の衰退の問題は、商店街だけの問題ではなしに、道路交通問題を含めた都市のあり方の問題とも関係をするわけです。郊外に住宅地が広がり、大型のショッピングセンターができ、都市の重点が郊外にどんどん移っていく、従って中心部の商業地域、さらに従業の地である部分、そういうものが衰退をしているんだという側面もあるわけで、そういう日本全国の都市に共通の都市の荒廃化の問題に光を当てて議論をしていきたい。

もう一つは、私どもの地元であります県庁所在地の甲府市も例にもれず中心商店街の人口の衰退という現象が起っております。そこで、人口規模が現在二〇万九〇〇〇人と言われておりますお隣りの長野県の松本市と比較をしながら、甲府の問題を考えてみたい、これが二点目のテーマです。

この二つの問題に関して、都市地理学者、都市計画の専門家、松本市の地元の商店街組合の元リーダー、そして甲府市の商店主、こういう人達に今日は集まっていただいております。ぜひ場内の皆様と一緒に活発な議論をしていきたいと思っております。

では早速ですが戸所先生の方から基調報告ということでお願いします。

□中心市街地の活性化に向けて□

知恵の時代への都市再生

戸所　隆

［略歴］　一九七四年立命館大学文学部地理学科助手。助教授、教授を経て一九九六年より高崎経済大学地域政策学部教授、文学博士。
国会等移転審議会専門委員（内閣総理大臣諮問機関）、前橋中心市街地活性化委員会副会長などを歴任。
著書　『商業近代化と都市』（古今書房、一九九一）、『地域政策学入門』（古今書房、二〇〇〇）など多数。

1　時代の変化の中で都市づくり・街づくりを考える

（1）新たなX型都市開発方式が必要

一九八〇年にアルビン・トフラーという方が『第3の波』という本を書き、それがベストセラーになりました。二〇数年前ですが、この会場におられる方の中にも読まれた方が随分おられるのではないかと思います。その中で「情報化時代がくるんだ」という話があったわけですが、それが現実に今来ている。

①農業化時代のリーディングシティ＝京都（閉鎖的）

「第1の波」である農業化が始まることによって人間の定住化が始まり都市が出来上がってくる。

日本で「農業化社会」というのは、明治初期あたりまでです。その時に日本をリードした都市はどこかというと、京都です。

京都はリーディングシティ・模範になる都市です。例えばNHKの大河ドラマ「利家と松」の舞台でありますす金沢も文化的には京都的な街であります。全体としてみれば農業化社会のシステムをもって作られてきたその中心都市というのは京都であり、特徴的にはかなり「閉鎖的」な街づくりであったわけです。

②工業化社会のリーディングシティ＝東京（画一的）

それが、明治になりまして産業革命によって工業化社会になる。これが「第2の波」で、だいたい一九八〇年代ぐらいまで続く。この時代は首都東京が一つのシンボルとなりまして、例えば商店街と言えば「銀座」という名前が全国の街のほとんどについた。「東京に学ぼう、東京に追いつけ」でした。世界では「アメリカに学ぼう、アメリカに追いつけ」という時代です。このように工業化社会はいわば「画一的」な時代です。

③情報化社会のリーディングシティ＝X（開放的かつ個性的）

ところが一九八〇年代頃から情報化社会と言われ出し、それがだんだんコンピュータという技術を通じて波及していく中で、社会システムが変わってきて、官民の関係にしろ、設備にしろ、さまざまな混乱が起きています。

すなわち産業革命に匹敵するような大きな変化があって、新しい都市・街というものがどういうものなのか。そして何を基本にしてそのことを学んでいったらいいのか、それぞれの地域がそれぞれの頭で考えねばならない「知恵の時代」になった。

しかし、どういう街づくりをしたらいいのか人々の意見の一致もみず混乱している、というのが現在、ということになります。

いずれにしろ情報化社会のリーディングシティというものを造るのか造らないのか。あるいはどこが中心になるのか。この戦国時代の中で、おじけづく都市もあれば発展する都市もある。しかし今はまだ、どこが勝ち組でどこが負け組というのがはっきりしない状況が続いているわけです。いわば新たな「X型」といいますか、新しい都市開発方式を今見い出さなければならないという時期にある。ある程度分かってきているのは、これまでの「閉鎖的・画一的」な街づくりではなくて「開放的・個性的」な地域づくり、街づくりをしていかなければならないということです。

それではどうしたらいいのか。これはまだ誰も分かってない。みんなで一緒に考えていかねばならないと思うのです。

(2) 中心市街地の開発　再開発型か拡大開発型か

その中で財政状況とかいろんなことがあるわけですが、空間的に捉えた時に、私はこれまでの街づくりというのはエックスパンディングしてきた。空間的に拡大する街であったけれども、これからは新しいタイプの京都型街づくりといったらいいのか、既成市街地を再開発する、再生していくタイプになると考えます。そう考えますと、郊外開発が果たしてこれからも主導的な方向なのか疑問になってきます。

甲府の場合も郊外の方に開発が進展し、中心都市である甲府が衰退しつつあるということですが、郊外開発をそのまま続けていけば、郊外も駄目になるし中心も駄目になるという時代がくるのでないか。その辺をどう考えるか。

これについてはそれぞれの地域の人がまだ回答を出せないでいる。考えなくてはならないというところにある。ただこれまで同様に郊外化論でよいのかどうかが大きな課題としてあるだろうと思います。

（3）生活者の論理に立つ都市・地域づくりへの構造転換

もう一つ、かなりはっきりしてきたのが、生産者・資本の論理から生活者・消費者の論理に立つ都市・地域づくりへの構造転換ということです。

一言で言えば、例えばこの数か月の間というか一年ぐらいの間に起った「雪印」あるいは「日本ハム」の問題です。今までは、官庁も企業も、あるいは都市空間を考えるにしても、どちらかというと、生産する方、あるいは資本の側を中心をおいて、その目からみていろいろ判断してきた。ところが消費者あるいは生活者の目線で考えないと企業はあっという間に潰れるという時代になってきた。実はそういうものの集まりが街の空間、都市でありますから、生活者の論理に大きく構造転換する中でこれからの街づくりや都市の政策を考えていかなくてはならないと思います。

2　地域政策形成の基本的パターン

（1）市民一人ひとりが議論し考える時代

ここに解決しなければならない一つの大きな地域課題があるとします。これまでの社会では、これを解決するのに「行政がやって下さい」「国がしっかりご指導下さい」というふうにやってきた。口ではそう言わなくても心ではそう言ってきたのがこれまででした。しかし今日ではそうはいかなくなってきている。

今日のような混乱した時代の転換期には、市民一人一人が皆自分でどうしようかと考え、解決策を考えていかなければいけない時代です。

農業化社会から工業化社会を経て、高等教育が大衆化した今日の情報化社会では、市民が考える力を持ってきた。社会人も夜間大学院で学び、議論する時代です。

実は私自身は三〇年京都の立命館大学で生活していたわけですが、七年前に郷里の高崎経済大学に地域政策学部ができました。これからは地域政策を一人一人が考えねばならない時代です。それを作る人材育成システムが必要となります。特に、高崎経済大学は市立大学ですので、地方公務員の養成や再教育をするため、地域の問題発見能力や問題解決能力・政策立案能力を身につけられる学部を創設したのです。私はそのため呼ばれて帰ってきました。

その時まで私自身、政策について研究してきたわけではありませんので、この七年間いろいろの方と議論をしたり、学生を指導する中で図1に示した「政策形成の基本パターン」を作成しました。

この七年の間に、いろんな方が政策を口にするようになりました。そしていろいろ言い合い、議論をたくさんしている街が実は活性化してきているということをこの七年間、見たり感じているわけです。

（2）地域の理想像を共有する

地域政策を立案するには、まず、それぞれの地域の皆さん方が理想的だと思い描く地域の姿とは何なのかを明確にする必要があります。例えば、この地域で郊外化がどんどん進められているけれども、これがあるべき姿なのか。それを含めて、理想的な地域とは何なのかをキチッと押さえることが大切です。非常に多様化した時代でありますから、理想的な地域像はそれぞれの地域それぞれの人によって違うわけです。

地域の中で理想的な地域像がバラバラではいけませんからここは議論で一つの方向性を作っていかなくてはならない。地域の特色を活かしたその理想的な地域像、地域のあるべき姿とは何なのかということをキチッと出していくということが必要であります。同時にその地域の現状もキチッと押さえる。

この二つをやりますと、現状と理想の間にギャップが出てきて、自然に「この点が問題なんだな」とその地域の問題が出てくる。

図１　地域政策形成の基本パターン

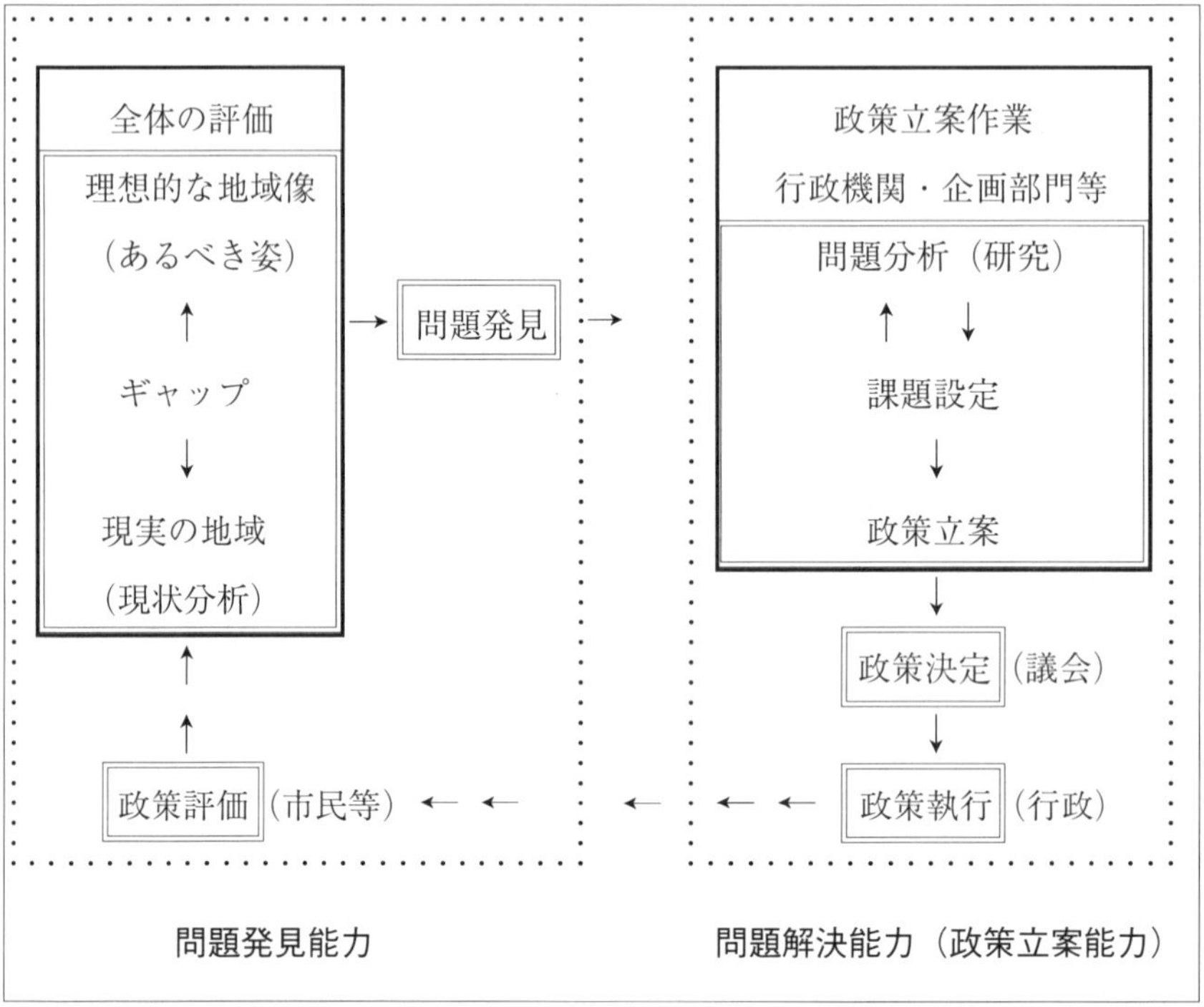

（戸所　隆　作成）

現実と理想の間には、解決しなければならない問題がものすごくたくさんありますから、圧倒されるのがだいたい常です。調べれば調べるほど問題が多くなってくる。ただもう一方で調べれば調べるほど何かそれ等の問題を生じさせている、非常に波及効果の大きい原因が見えてくる。それがだんだん議論している間に分かってくるんですね。そうするとそれをまず見定めてこれを解決しようということで、それに向かって解決策を考えていく戦略的思考が必要になってくる。

そのためには多くの問題を分析し、波及効果の大きな課題を設定する。その上で課題を解決するための政策立案をし政策決定・政策執行をしていくということです。

（3）変革期・転換期に必要な戦略発想

重要なことは、一九八〇年代の半ばまでは、経験を積み上げてその経験の上でどうするか、その方向性、案を出していくと大体うまくいった。ところがそれ以降の時代の転換期にはそうした方法ではうまくいかなくなった。

そこで「あるべき姿」を仮定しながら、それに向かって何をしなければならないかを議論してゆくと、今やっていることを完全に変えなければ駄目だ、現在のやり方を否定して新しい方法を見い出さない限り、問題は解決しないし、理想像に近づけないということが分ってくる。それが変革ということです。

戦術論というのは今までのものを積み上げていく議論です。これはできる。一方、戦略論というのは、理想像・あるべき姿にいかに到達するかの議論です。

立命館大学で大学経営に携わったときに、地域社会と大学の関係で、この大学をどう発展させるかというときに、やはりあるべき姿を議論し設定した上で、現状のままでは一〇年先はこうなるだろうということを考える。そうすると、いまやっていることでは駄目で、全く違う方法を考える必要がでてくる。しかし、関係者の理解を得ないまま変革するといろいろ反発もあるので、そこのところを調整しながら進めていくということが必要だと思います。

大体、私自身の経験ですと、どちらかというと流れが変わらないのが「官」の世界でして、「民」のほうから積極的にやっていかないと変わらないというのが常ではないかと思います。いずれにせよ、前例主義ではもうだめだという時代になってきたといえます。

ところで執行した政策は、評価をする必要がありますが、ここでもやはり市民の力が非常に大きな役割を果たすわけです。政策を理解した人達がやらなければならないことは当然ですが、そういうシステムの中で、これからの都市を見る視点は何かが問われます。

3　これからの都市を見る視点

（1）大都市化と分都市化

①公共交通の発達した、歩いて暮らせるコンパクトな街

「これからの都市を見る視点」とはなにか。

簡単に申し上げますと、「公共交通の発達した歩いて暮らせるコンパクトな街」という形に集約できます。

これから申し上げることは一つの議論の種（たね）としていただくための私の考えです。

これからは、「再開発の時代」になってくる。既成市街地を再生させ、市街地の郊外への拡大はさせない。そして公共交通を使って自家用車で拡大した街をコンパクトな歩いて暮らせるようなまちにしていく必要があるのではないか。

道路もこれまでは自動車がうまく走れるように車道を広げて歩道を狭まくしていた。これを逆

の方向に発想して歩道を増やしていく、自動車を通さなくてもいいのではないかと。しかしこれには前提がありまして、その都市が強くなって、都市間競争に勝たなくてはいけない。自分の町だけ歩ける街にしても顧客が他都市へ全部抜けていってしまうということは往々にしてあります。

②開放型水平ネットワークの社会とその基盤整備を充実していく。

これまでは閉鎖的でかつ階層的なネットワークの時代でした。これから求められるのは開放型水平ネットワーク社会です。実は今日のコンピュータ社会というのは開放型水平ネットワーク社会なんです。

最初のコンピュータが出てきた頃、例えば私がいました立命館大学がどうだったかというと、1か所に大型コンピュータセンターがありまして、例えば京都大学に大型計算機センターがあり、京都市内の大学のコンピュータがそれにぶら下がっていて、京都という閉鎖空間の中でネットワークをつくっていた。そしてその時にはなんとなく、京大が上で我々が下だというような雰囲気になっていた。

しかし今は違うんですね。ダウンサイジングして、上も下もない。どっかのサーバーを使いながら皆さんのパソコンが世界のどこともつながっている。どんどんレベルアップしていく。そして自分のパソコンの能力だけではできないことをネットワークという形でどこかのコンピュータを使用しながら、大きな仕事ができるようになってきている。都市と都市、地域と地域の繋がり、人と人との繋がりもこういう形に変わってきている。

これをどう都市政策に実現していくかがこれからの課題である。それにはボーダレスになっているわけですからそれぞれの都市・地域が外から個性の見える自律発展型の自立都市にならなければならない。この地域であるならば、これまでは甲府市に頼っていた町ももう甲府市には頼らないで自立していく必要がある。

しかし自立するといってもネットワークはつくっていかなければならない。孤立じゃない。お互いに足らないところをネットワークして全体的にパワーアップする。都市圏全体がそういう形になる必要がある。

③大都市化と分都市化による新都市構造

これを一言で言うと「大都市化と分都市化」ということです。

開放・水平ネットワーク型の新しい都市構造は、個性的な小都市が中心都市と上下関係でなく相互にネットワークし、外から見たら一見大都市に見え、パワーとしてもネットワークすることによって大都市のようになっていく。しかし合併する合併しないは別問題として、中身としては個性的な地域というものを維持する。あるいは今まで個性的でなかったところはより一層個性的になっていくということが必要だと考えております。

そのためには、市街地を広げてはだめです。個性的でコンパクトな市街地が公共交通で相互に結びついた街づくりが必要じゃないか。

そういう意味で大都市化と分都市化による新しい都市構造、つまり個性的な地域からなる上下関係のないネットワーク型の都市構造をつくり出す必要がある、ということであります。

大都市化というのはいま申し上げましたように、行動圏とか経済社会圏の拡大にあわせた新たな空間的枠組みということで、外から「顔の見える街づくり」ということが必要なんですね。

私がいま住んでいるのは前橋という街で、勤めているのは高崎という街です。この二つのまちは市役所が別々ですが、市街地は連帯しているわけです。両方合わせると五三万人ほどの街になるんです。また、前橋・高崎を中心とした地域に仙台市や広島市の面積をあてはめると一〇〇万人を越える人口がいるわけです。

しかし外から見たときに仙台というまちは全国の皆さんにも見えるんですが、前橋とか高崎は、どこにあるのか、ほとんど認識されてないんですね。認識されなければ人もこないし、投資も進まないのです。

これからのボーダレスで国際化していく時代には、例えば前橋とか高崎とかいう地域がネットワーク化した大都市となり、機能的には一体化しているんだというものを外に見せることが必要となる。そうすれば「ああここにも一〇〇万都市があるんだ、一〇〇万のパワーがあるんだ」ということで、大型の百貨店も進出しようかということになるのですが、二八万都市と二五万都市では「そろそろ撤退しましょうか」となってしまうんですね。ここの辺りの見せ方、これもやはり国際化といいますか、ボーダレスの時代の都市発展の条件になる。

しかし他方で、大きくなるとそのまちの個性がどこかに吸収されてしまうのです。これは困る。これからの地域には個性化が必要である。昭和の大合併というのはいわば強い所が弱いところを吸収合併するという形だった。これからの合併というのは、大都市化分都市化の理念に基づいて、水平ネットワークで、個性ある町がお互いに連携し合っていく。大きい小さいはあっても、上下関係はないんだと。しかしこれまでの合併形態を見ると、大きいところが「あんたのところを吸収してやる」「面倒みてやる」というふうになっていると思うのです。地域の個性は生かしたい。

（2）年輪型都市発展（拡大型）から積み重ね新陳代謝型都市発展（安定型）

行財政の効率化

それぞれの地域が、一生懸命これまで勉強してやってきた、蓄積を生かさなくては駄目だと思うのです。そのためには「拡大型」でなくて、年輪型都市発展という積み重ね新陳代謝型都市発展という「安定型」でやっていく必要がある。それによって行財政的な効率化も進むであろうということです。

都市計画法が改正された後の地方都市での議論を聞いてますと、市街化区域と市街化調整区域を含めて線引きを廃止して、どこにでも建物が建てられるようにしようという議論が結構あるんですね。

中心都市の市街化区域は地価が高いといって郊外に出てしまい、規制のない郊外の力は野放図にどんどん開発されてしまう。そうではなく、それぞれの地域が郊外といえどもコンパクトな町づくりをしながらネットワークしていって、むしろ都市計画規制を強化するという形で進めるべきではないかと私は思うわけです。

実は、アメリカの言う規制緩和とは、経済規制を緩和しなさいということなんですね。経済規制を緩和したら都市計画規制、環境規制はむしろ強化しなければ駄目です。アメリカでも大型店が一店出てくることによって、どう環境が変わるか、道路の容量が増えるなら道路をちゃんと造るまで出店は駄目だとか、きつい都市計画上の規制があります。

私が客員教授でいっていた大学の近くのショッピングモールも、一〇数年間すったもんだしていました。看板の大きさとか色をどうするかというようなことも議論され、それだからいい街ができる。

地域に合う町並みを形成するための規制をきちっとしていく必要があるということです。都市計画規制・環境規制を強化せずに経済規制をはじめすべて緩和してしまっては地域が駄目になる。一応、改正都市計画法・大店鋪立地法は施行され、それなりの理念はあるんですが、効果を発揮していない。抜け道が多いのですね。だからこれをきちっとやらなければいけないというのが私の考えです。

(3) 時代を越えて変えてはならない「都市の本質」

都市を都市たらしめるのは、中心商業地がやはり必要なんです。中心商業地は老若男女・人種・貧富の差などに関係なく誰もが集える交流空間であるということであって、この交流空間をなくしてはならない。

都市には中心というものが必要であり、上下関係はないけれども中心と周辺での交流が必要なんです。規模の大小はあっても上下関係のない開放的な地域と地域、あるいは人と人との関係を作る、こういうことが必要である。

それと同時に、注意しなくてはならないのは、人文現象には時代と共に「変わるもの」と「変わらないもの」、「変えるべきもの」と「変えてはならないもの」があることです。これをきちっと区別することが必要である。時代を越えて変えてはならないものという中に都市の本質があるわけですが、都市の本質である「変えてはならないもの」を変えてしまったところに今日の中心商業地衰退の要因があります。

さらに、世の中は政治、経済、文化の三要素で動くわけですが、これが三位一体化する必要がある。すなわち政治の安定と経済の成長の中で個性ある文化が生み出される。政治・経済・文化が交流する空間をこれからも作っていかなければ駄目だと思います。それを作り出す一番中心になるものが「中心商業地」、「中心市街地」であるはずなのですが、これが衰退してきた。

4　中心市街地衰退の原因をどうとらえるか

中心市街地衰退の原因とは一体何なんであろうか。一言でいえば環境や都市構造の変化に伴い、変えてはならない「都市の本質」を変えてしまって、大きな問題が生じてきているのだと考えます。

例えば、私は都市の本質には、接近性、結節性・移動性・新陳代謝性・多様性・地域性・中心と周辺という構造など、こういったものがあると思います。

接近性というのはアクセスビリティ、すなわち、近付きやすいということです。これまでバス、電車で行くとなれば一時間に四本あっても時間に制約される。ところがマイカーを持てば自分の好きな時に行ける。この点では車社会になってきたということで、接近性という点で非常によくなった。

しかしマイカーは結節性では問題がある。結節性を生むには、マイカーを自由に置ける駐車場であるとか、集まってきた人々がそこに降り立つことができなければなりません。しかし中心商業地というのは昭和四〇年代後半あたりを見ると、日曜日には大体三万から五万人ぐらいの人が歩いていたわけで、これらの人が全て自家用車で来たとすると、その人数の車を処理するために二万台ぐらいは止められる無料駐車場を持たないとうまくいかない。でもそれだけのスペースを中心商業地にとるのは無理なんですね。中心商業地に人を多数集め活性化させるには公共交通を活用する以外無理なんです。そうでなければもう結節性がなくなり、人と人との結び付きもなくなるのです。

要は多くの人と人とが結び付いて、あるいは物と人が互いに結び付いたところに新たな文化の創造が生まれる。人と人とが話をしたり、新しい物と物がぶつかりあって新たなものが出てくる。そういう作用が町中には必要である。自家用車での来街ではお酒を町中で飲むこともなくなる。飲みながら喧嘩しながらワーワー言いながらでも人と人が結節することで、案外ためになることが出てくる。そのためしんどいなあと思いながらもまた飲む。

要は自由に移動できるコンパクトで公共交通の発達した町づくり・中心商業地が必要なんじゃないかということです。それから、中心商業地をいろんな人が集まれる空間にしなければならない。

私がおります高崎には二つの新幹線があり、よそから来るのには便利なんですが、市内のバスなどの公共交通はガタガタです。高崎で生活する人達は自分の車で動けばいいんですが、他所からきた人が動けないということになります。従って私ども学会を開こうと思ったらチャーターバスを用意しなくてはならない。これだけでも大変なんですね。バスが多く走ってくれたらそんなことで頭を悩ますこともない。そのため学会も開かない方がいいということになってしまう。このように変えてはならない都市の本質を変えてしまったところに今日の大きな問題があるということです。

5　中心市街地活性化の必要性と再生シナリオ
画一的な集団主義からの脱却

（1）中心市街地活性化の必要性

①都市の顔がなくなる

私たちが知らない都市を訪れた時、まず中心商業地へ行こうとします。また、中心商業地のよしわるしでその都市全体の評価をする傾向があります。このように中心商業地は都市の顔であり、中心商業地の衰退は都市の顔がなくなるということです。また、中心のない都市は分解します。さらに地域整備投資を、長らく一番多くしてきたのが中心街であり、その衰退は投資を無駄にしてしまう。都市の安全と治安の確保も結構大きいんですね。

例えば不法入国者などが一番集まりやすい場所はどこかといったらば中心街です。中心街が衰退しますと、そこはとかくスラムになるんです。アメリカは大体そうですね。この日本でも今起こりかけています。従ってこの治安の問題はかなり大きな問題です。

②知恵の時代への都市再生

都市の再生のためには、自立した個人からなる市民社会が必要です。やはり市民が政策を立案しながら行政と一体になっていかにやっていくかということだと思います。そのためには新しい時代を先導する地域のリーダー、「町衆」の育成が必要になってくる。このためには実は生涯学習システム、これは大学など含めてかなり大きな意味を持ってくるということだと思います。

そういう面で自己実現のできる人材の養成が必要です。リーダー格の人がいれば自然に人が人を呼んでくるし、金も集まってくるということです。いずれにしろ、個々人の精神的自立の中で他人とか他地域の模倣じゃないものを皆で作っていくということが基本であると考えます。その点、京都というのは案外モタモタやっているようだけれど自分たちで考えながら自分たちのものを出しているなということを、外に出てみてつくづく感じるわけです。

③多様で広く強いリンケージを持つ街

それから多様で広く強いリンケージを持つ街を目指したい。いろんなネットワークですね。お互いに情報交換できるということが必要であって、どこが偉いとかどこがいいとか、そういうもう時代じゃない。リンケージを持つということは実は危機管理にもにつながる。

実は阪神淡路大震災の復興支援に三年間かかわりまして感じたのは、リンケージ持っている人、リンケージ持っている地域の復興が速かったことです。リンケージのない人はドンドン落ち込んでいくということなんです。

私は大学もリンケージによる交流空間化の一つのコアであると思っています。リンケージとは人との繋がり、連携ですね。

それからサラリーマン養成に偏らない社会を作っていく必要がある。サラリーマン養成を第一にやっている限り、東京一極集中はなくなりません。サラリーマンのトップになろうと思うと、今のシステムではどうしても東京に行かねばならない。これを変えるには町衆をどう育てるかということになると思います。そのためにも新しい地域産業というものを造っていく。それから先ほど言いました生涯学習システムを作っていくことが大切であると思います。

(2) 繁華性とアクセス性を共存させるために

これからは公共交通で骨格をつくる、歩ける町づくりということが重要になってくると思います。同時に、これからの中心商業地は一人一人が自立化して、人と人とが会う面白さ、楽しさをもう一回実現していく必要がある。そして中心商業地の界隈性、雑然性、喧騒性をも演出していく必要がある。同時に美しさ、質の高さも目指す。今までの日本の中心街は汚いですね。これをどう美しくさせていくかもこれからの情報化時代、そして都市間競争ということを考えたときに重要課題の一つです。

美しさを追求する中で複合・錯綜的な土地利用というものをどう展開するかも課題です。そのためには市街化区域をきちっと決めて、その内部をどういうふうにコーディネートするかということになる。また、あまり機能的になりすぎないことが必要である。

6　盆地都市としての甲府の特徴と今後

①盆地都市は急激に変わる

次にこの甲府を今後どうしていったら良いかということです。

実は、私は今日、東京から来ました。高尾を過ぎますともう山の中です。そしてパッと開けたらもう甲府。こういう所は東京の圧力が来るまでに結構時間がかかるんです。

前橋とか宇都宮なんかと比べると、こちらは東京の影響というのはやはり少ないです。東京と直結する公共交通網が弱いのです。いずれにしろこの山でバリアーがかかっているため、東京の影響が来るまでには結構時間がかかる。ですからなんとなく盆地根性というか、なんとなくその中で、ノホホンとしているのではないかと思われます。

しかし、強い圧力が押続けているわけで、それがあるときに一気にボーンと来たときにはほかの地域より何倍も早い急激な変化を起こすものです。

こうした現象は、近くに大都市がある盆地都市の特徴です。例えば、京都市の中に山城盆地がありますす。これは東山の九条山を一山越えたところです。京都中心部からの都市化の波はなかなか山城盆地まで来なかった。しかし一旦来たらばそれまで一〇万人の小さな盆地が一〇年で二倍になっている。もう都市計画なんかあったもんじゃない。そういう急速な変化が盆地都市では起こる。甲府の場合、そういうことにこれからどう対応していくかが非常に重要だと思います。

②高速交通化にどう対応するか

それから今までに高速交通が開通した所をいつも見させていただいたんですが、どこも問題をかかえています。リニアでは、東京―甲府間が二〇分ということでありますが、一時間以内であれば東京の通勤圏になりますね。高崎も東京の通勤圏になりました。それによって、今まであった支店とか営業所が東京へ引き上げていく。東京から通った方がいいということになってくる。それをさせないためにはどうするかというと、新幹線やリニアの建設が決まっても実際に走り出すまで五年から一〇年かかるわけですね。この間に何がきても大丈夫だという体制をきちっとその間に作り上げてしまう。高速交通に対応できるシステムを作り上げることです。

ところが往々にして誘致までは頑張るんですが、建設が決まると「ああよかった」とそこで気を抜いて今までのシステムのままでいる。それで出来上がったときには「ああやっと来たな」と、安心しているうちに気がついたら中心機能の多くが東京方面に持って行かれてしまう。こういう状態があるわけです。

そういう面で考えるとこの甲府盆地は、東京の近くにありながら非常によきものを持っている。東京一〇〇キロ圏にしては良き個性・景観を持っていることは事実です。今まで残ってきたこの個性を次の世代に伝え、新しい情報化社会を築いてほしいと思います。前橋や高崎や宇都宮にできなかったことを甲府ではどうにかこうにか作っていっていただきたいなと思っております。

ちょっと舌足らずであったと思いますが、これで終了させていただきます。

コーディネーター（中井）　どうもありがとうございました。最後の甲府についてのところでもう少ししゃべっていただきたいと思いますが、また後程話していただきたいと思います。

□中心市街地の活性化に向けて□

商業地としての街の活性化

伊藤光造

［略歴］　地域まちづくり研究所所長、静岡大学教育学部講師。
　国土交通省地方振興アドバイザー、TMOシニアアドバイザー、静岡県国土利用計画審議会委員（前）、その他。
　業務　静岡県服町商店街コミュニティー構想、掛川市地域商業活性化計画策定、その他多数。

1　危機か好機か、岐路に立って

全国のほとんどの中心商店街は危機といってもいいぐらいだと思います。統計によって全国の商店街を見ても、最近だと九割ぐらいは衰退状況にある。「衰退してない」「結構にぎわっている」というところはせいぜい五％ぐらいしかないという状況です。

①静岡市の現況

冒頭で恐縮ですが、せっかく静岡から招いていただきましたので、静岡市などの状況をちょっとお話しさせていただきたいと思います。

静岡県は人口が約三〇〇万人弱で、東部、中部、西部、大体一〇〇万人ぐらい、静岡市はその中部の概ね一〇〇万人の範囲を商圏として成立している町です。静岡市は来年四月に清水市と合併して、新しい静岡市になります。今静岡と清水では、合併を控え市民も含めていろんな議論がされております。

実は静岡市の中心商店街は結構にぎわっているんです。呉服町二丁目の一番にぎわいのあるところで、三万人ぐらいの人が歩いています。この人数が近年落ち込んでいない。これにはわりかしちゃんとした理由があります。

静岡は盆地ではないのですが、東部、中部、西部と分かれて、静岡市は中部圏にあたるのです。中部圏というのは結構、閉鎖的な都市構造になっているのも一つの理由かなというふうに思います。

平成二年に「コミュニティマート構想」というのを作ったんです。それでいろいろ手を打ってきているんです。それがもう一つの理由です。具体的には、例えば「コミュニティマート構想」に基づく、環境整備事業として「モール整備事業」を平成四～六年に行いました。あとソフト事業としては「一店逸品運動」これは既に一〇年目になっています。

その他「CI事業」や、今年も実施し、百数十人の人が集まった「大道芸グランプリ」など各種イベントの開催など、多彩にやってきました。

そういう中で、静岡市はまだ賑わいを保っているという状況なんですが、一応普通にオーソドックスな活性化の手立てを打って、今のところそれが功を奏しているということです。

それ以外の静岡県内の都市は、実はかなりひどい状況になっています。ご承知のように静岡県の西部にはもう一つ浜松という核都市がありますが、つい一年ぐらい前ですが、「松菱」という地元の老舗百貨店が残念ながら倒産をしております。企業の関係の方はもちろんですが、一般市民の方にとっても大変なショックでありました。その何年か前には「西武」が撤退しております。

甲府も二〇万都市ですが、静岡県内の二〇万人台の都市もそれぞれなかなか厳しい状況になっている。一〇万人前後の町はさらに厳しい状況になってますね。そういうことでどっちかというとうまくいってない町のほうがはるかに多いというわけです。

②成功事例　滋賀県長浜市「黒壁」

うまくいっていて全国的に有名な事例を一つご紹介します。

滋賀県の長浜に「黒壁」という株式会社が平成二年にできまして、それが中心市街地の活性化に非常に目覚ましい効果を発揮している。これはいろんなところで「成功事例」として取り上げられましたから皆さんも行かれたり話を聞いたり、事例研究をされたりした方が多いと思うのですが、この「平成不況」の中で去年一年間で、「黒壁」への総入店者数が約二〇〇万人になってます。滋賀県の観光誘致統計の中で、いわゆる「入り込みスポット」としてナンバー1になってしまったんですね。当然町もそれなりに賑わっている。

写真は「黒壁」です。

明治中期に建てられた木造二階建ての元銀行の建物です。外壁が黒漆喰でできているので、「黒壁」と呼ばれていますが、この周りは北国街道でいわゆる古い町の中心商店街ですね。「黒壁」の活動が始まる前はお店もほとんどなくなって、眠ったような静かな町だったそうです。

ここで黒壁の活動はスタートしたわけですね。黒壁の土地建物が不動産屋さんに渡って壊されるという時に市民の人達が買い戻そうということで始まった活動です。写真1が「黒壁」の一号館です。中は一階はガラスのアクセサリーとか食器などを売ってます。

二階はガラスの工芸作品なども置かれています。要するにガラスをテーマに楽しく文化的な雰

写真1　長浜市（株）黒壁1号館

囲気を作りながらショッピングしてもらおうということですね。この他和風レストランとかガラスの工房だとかも事業として行われています。その他武家屋敷をガラス観賞館という小美術館にして運営しています。

なぜ「黒壁」がそこまで活性化に成功できたかということなんですが、ここら辺りがもう一つのポイントになるかなということです。

一方、静岡は非常にオーソドックスにやって賑わいました。これも大切な要点ですが、もう一つはそれだけではなくて長浜の成功にもちゃんと学ばなければいけないというふうに私は思っております。

2　とりあえず手厚い制度は作られた

最近は、活性化のために、ものすごい手厚い制度ができているのです。例えば静岡県でも「中心市街地まちづくり施策集」というのが出てます。そこに国の制度、県の制度、場合によっては市町村の制度など大体百数十が載っています。

実はそれをどううまく使うかということが問題なのです。

「中心市街地活性化基本計画」が全国でかなり作られました。静岡県内でも結構策定された。ところがそれを作ったはいいんだけれども、基本的に商業が厳しい状況は変わりません。活性化をになうような仕組みをちょっと書いたんですが、担い手としてＴＭＯという新しい街づくりの主体をきちんと作れるかというと、なかなかそっちの方までいかないということです。制度は整ったけれどもそれを運用するような状況、あるいは主体はなかなかまだ見えてないという感じですね。やはりもうひとつなんとかしなくてはいけないという状況は変わらない。

3　長期的な都市像、都市づくりをどう捉えるか

①コンパクトシティ、分散ネットワーク型まちづくり

ではどうしたらいいか。従来の都市計画とか街づくりの基本には「コンパクトシティ」の理念がありました。しかし実態はなかなかその理念通りには動かずに、かなり分散化、スプロール化が進み、更には、乱開発という状況もかなり生まれております。

僕はこの甲府市周辺を時々通過するぐらいなんですが、やはり出圃の中に商業施設を含めていろんな施設ができてしまい、あるいはその周辺にバラバラ住宅ができているというふうな状況が、もう一般化してしまいました。どっちかというと静岡辺りよりもこちらの方がそういう意味では

スプロール的な市街化がかなり進んじゃったかなというふうに思っています。
そういう状況の中で、ではこれから少しでもより良くする街づくりというのはどうしたらいいかということですが、実際にはなかなか難しい。

②活動調整から立地環境調整へ

アメリカでは「産業活動調整」というのはやってなくて、自由競争というのですが、そのかわり「立地環境調整」はかなり厳しい。日本はどっちかというとアメリカの言うなりでですね、規制緩和というときに、産業活動調整をやめてしまったわけですね。要するに「大店法」が問題になって。新たに大店立地法ができた。同時に権限も国から県におりて来た。山梨県の場合はよく分からないんですが、静岡県の場合は、法律に基づいてやるということで、杓子定規に行われていますので実はあまり参考にできないと思います。

これをきちんと働かせるのはやはり自治体が責任を持って地域の住民の方々、市町村民の方々と一緒に立地環境調整を運用できる仕組みを、きちんと作らなければ駄目だな、うまくないのではないかなというふうに思っております。その点が一つです。

もう一つ、それぞれの市町村でやはり土地利用の誘導・規制の仕組みをより充実しないとなかなか難しい。静岡県では掛川市で「生涯学習土地基本条例」という、自治体独自の土地利用コントロールの制度を平成三年に作りました。全国でも比較的珍しいんですが、やはり今地方分権の中で自治体として今まで「要綱」でやってた部分がなかなかできないような状況もありますから、やはり条例とかそういうきちんとした土地利用に関する自治体独自の手段をできるだけ持つべきではないか。それによって商業立地環境コントロールがきちんとできる内容を盛り込んで、制度を是非充実してほしい。そういうベースができれば都市計画法でいう、例えば「小売り店舗立地地区」とか「大型店舗施設地区」だとかいったことも適用し得る可能性が見えてくるかなという感じがしております。ここのところが基本なんですね。

③広域行政システム

でも、そういうと自分の町はよくても他の町に大型店が出たらしようがないではないかということになります。ですからこれは広域行政で取り組まないと駄目です。今合併論議が進んでおります。おそらく山梨県下でも合併に踏み切るところも結構あるのではないかと思います。そういう合併のときには一つの大きなチャンスでありますので、その時にはやはり広域的に土地利用の仕組みを整えてほしい。

合併まではいかないという町も当然あると思うんですが、合併までいかないとしても、もう広域での分散ネットワーク型の都市構造が事実上出来ているのですから、そういう中でよりよい方策を見つけ出すということであれば、一部事務組合とか部分的に広域的な仕組みを取り入れるということをぜひお考え頂きたい。土地利用コントロールということですね。それを広域行政システムとしての検討課題としてあげてもらいたい。ちょっと専門的な話になってしまいましたが、この商業立地構造をやはりきちんとコーディネートする仕組みをきちんとしたいですね。そのためには以上のような取っ掛かりがあるかなというところです。

4　あなたの町の活性化シードと方向性

①何で街のにぎわいをもたせるか。

町のにぎわいを回復するには、やはり何かタネになるものが必要だと思うんです。おそらく山梨県にも、それぞれの町によってずいぶん違うと思いますが何かがあるはずです。観光地とかかが近くにあって、そこには人が一杯来ているよ、とか、特産品では全国にも知られているものがあるぞとか……。あるいは商店街のまわりに結構お年寄りがたくさん住んでいるのではないかとか、最近、町の中心部にマンションなどができて人が戻ってきているよ、とかです。そのようにいろいろ様子が変わる中で、よく町を見つめてみると、こういう資源があるよとか、あるいはこういうお客さんがまだ潜在的にいるよとか、そういうことがあるかと思うんですね。それをちゃんと見直してみるというところがまずは必要かなと思います。

さっきの「黒壁」ですね。あそこは琵琶湖観光にきている人達がたくさんいるので、その人達の行きか帰りに、町にちょっと寄ってもらおうというようなことが基本的にあったのです。これ

写真２　静岡市呉服町商店街（札の辻付近）

が一〇年ぐらいの間に見事に成功したわけです。

どういうにぎわいを持たせるのかというようなことをもう一遍ちゃんと見直した方がいいのではないかということです。

②プログラム展開の手順は？

それぞれの町には実力というものがあると思うのです。実力に合わせた展開の仕方をしないといけない。

例えば、呉服町で今申し上げたような事業を展開できてきたのは、振興組合の組織がちゃんとしていたからです。私ちょうど団塊の世代なんですが、一〇年前にこの仕事を我々がさせてもらった時、ちょうど僕と同世代がその商店の振興組合の主力メンバーだった。母体があったんでああいう事業が成功する結果になったということです。

滋賀県長浜で「黒壁」の母体になっている人達は商業者ではなく市内の企業経営者です。いわば企業市民のＮＰＯ活動と言っていいと思う。事業経営をしている人達がちゃんとチームを組んでやっているというようなことです。

もちろんそれぞれ市民活動が主体になってやっている、あるいは商店街の若手の人達が中心になってやった、などなどいろんな担い手がまずあるということで、その担い手に合わせたプログラム展開というものが必要になるわけです。

5　大きな可能性が眠るＮＰＯ活動領域の拡大

ちょっと話がそれるのですが、ＮＰＯ法が平成一〇年一二月から施行されまして、今は全国で八〇〇〇団体ぐらいＮＰＯと認証されています。三年半ぐらいの間にそれぐらい増えてきたわけです。

アメリカは、ＮＰＯの定義は違いますが、百数十万団体あります。アメリカのＮＰＯ団体に勤めている人が全米の雇用総人口の七％ぐらいになるんですね。日本は今戦後最大の失業者数というような状況が続いていますが、五・四から五・五％ぐらいですね。ですから日本でこれからＮ

ＰＯ活動がどんどん発展していくと、今の日本の失業者がそこに全部吸収されるぐらいの事業活動があると思ってもいい。今はそういう意味ではＮＰＯは発展途上ですね。

「黒壁」も平成元年に当時はＮＰＯ法が無かったんで株式会社という形態を取るのですが、しかし笹原専務という専務が無給でやってますね、そのほか会社としても利益を出してないんですよ。そういうＮＰＯ的な法人で、そういうすごい成果を出しているということですが、これなかなか難しいんですよ、ＮＰＯ活動領域というのはいわゆる公共サービスでやってた活動よりと、民間企業が営利サービスとしてやってた活動領域と、それからあと町内会自治会ですね、いわゆるコミュニティ活動としてやっているような事業活動領域とまた全然違う活動領域なので、ここについてこれからどれぐらい伸びるだろうかとか、そこでどういう事業活動が、出てくるだろうと、量的に予測する手がかりがないんですね。お金で計れないんですね。この辺はちょっと研究しなければいけないんですが、ただ僕の感じではかなり膨大な事業活動領域がまだ顕在化してないというかそのままになっている。

たまたま中心市街地については先進的な「黒壁」みたいな活動はその領域を旨く掘り起こして我々に見せてくれているわけですね。いってみればＮＰＯ的なある種の高度な不動産事業といってもいいんじゃないかと思うんですが、アメリカにもダウンタウン協会という、古い街の再生を行っているＮＰＯがあります。それとかなり似通っております。ＮＰＯ的な一種のソフトな再開発を含む不動産事業、そういうビジネスと言えないんですが、活動を立ち上げられるかどうかと言うことですね。

地域を活性化できるか否か、あるいは今後の可能性を自分たちのものにできるかどうか、それによって地域がいい方向に転換していけるかどうか、その違いは、そういった活動を立ち上げられるかどうかだと思うのです。

今、中心市街地の活性化で言っているので、もっと違う、川に関する市民活動、例えば徳島県徳島市の「新町川を守る会」。これは平成二年ぐらいにスタートしているのですが、今は五万人ぐらい吉野川の流域住民を動員するような、大きな活動に育ってきています。事業予算は三〇〇〇万円ぐらいですね、一〇〇〇万円ぐらいは補助金で2000万円ぐらいは自分たちで集めている。そういういわゆるNPO団体が育ってきているんですね。

世の中バブル崩壊で不況なんですが、そういう中にありながらこの「黒壁」とか「新町川を守る会」とか、NPO領域で驚異的な伸びを示してきているというような事例が、他にもまだあるわけです。そういうことでその辺を意識しながら町の活性化支援とかそれを展開するプログラムというものを是非考えたい。

6　とにかく魅力ある店作りが基本

あと基本的なことですが、やはり商店街の魅力は商品やサービス、お店の雰囲気です。これを商店街とか商店主の人は本気できちんと考えてほしいと常々思っております。静岡方面の一般の商店街やお店を見てますと、そのお店の一番いい時期が多分あったのではないかと思うのですが、そのいい時期からだいぶ状況が変わっているのに、商売のやり方が変わってないケースが多いような気がするのです。従ってもう一度商売を見直してもらえば、かなり厳しい状況の中とはいえ、もう一度盛り返すようなチャンスがないわけではないなというふうに思います。

静岡県内でもそういう観点で商店街を良く見てみると、商店街全体はかなり落ち込んでいるけれども、きちんとやれている熟年女性向けのブティックとかケーキ屋さんとか、結構頑張っている八百屋さんとかあるんですよ。お客さんにちゃんと対応できるような「スペシャリティショップ」です。普通の専門店ではもう駄目です、郊外に大型専門店もあるし、そこそこの専門店がはいったショッピングセンター、あるいはブランドのアウトレットモールなどできてますから、普通の専門店では駄目です。お客様一人一人にきちんと対応できるような、そういうご商売をきちんとされるということであれば、まだまだチャンスはある、成功へもっていくことができる。ですから、もういっぺん商売を見直してもらう。

最近のマーケティングでもCS（カスタマーズ・サティスファクション）とかですね、CY（カスタマー・ロイヤリティ）とか、そういうようなことが、もうちょっと規模の大きいお店でもされるようになってきましたので、個店ではなおさらということですよね。きちんとお客様一人一人の個性にあわせた対応ができる店。それをスペシャリティショップと言っているのですが、そういったあたりもぜひこの際考えてほしいと思います。

7　とにかく皆で取り組もう

みなさんの参加型でやった方が皆の元気づけにもなるし、絶対いいだろうというふうに思っております。ワークショップ方式も最近かなり一般化しましたし、その中できちんとお互いのコミュニケーションを取りながら、ただわいわい集まってガヤガヤやるということでなくて、その中からやはりきちんとした戦略を組み立てる、あるいは次の世代を担う芽をきちんと育てるというような、きちんとしたプログラムを持ってやって行ければまだまだ可能性はあるのではないかということを私は強く感じます。

松本市の中心商店街の活性化

吉川公章

[略歴]（株）古川玉山堂専務取締役。
元松本市中町商店街振興組合専務理事（一九九九年退任）、元松本市中町蔵のあるまちづくり推進協議会幹事（一九九九年退任）。

1　松本市中町商店街の位置付けと周辺の概況、中町の位置

長野県は南北に長く、県庁所在地で有名な善光寺さんのある長野市を中心とした北信濃、それから松本、塩尻、諏訪市の中信濃、飯田、伊那の南信濃の三つの地域で構成されております。略して北信、中信、南信と我々は呼んでおります。

その中でほぼ中央に位置する松本市は現在人口は約二〇万。中・南信地方の中心都市として活動しています。ＪＲ特急あずさ号の始発、終着駅、西に北アルプス、東に美ケ原高原等の周囲の高い山々に囲まれた典型的な盆地地形で、風土等は真冬の寒さを除けばこちら甲府と似ております。

松本が町として形成されたのは天正年間で、小笠原忠義が入府し深志城を松本城に改めたときからです。その後、近世に入り石川数正親子が藩政を取りまして、本格的な城郭の造営と城下町の整備を行った。

今の松本城は天主をはじめ大手門、堀、櫓などがその当時にすべて出来上がりました。また町屋としての本町、中町なども町屋としての拡張も行い、伊那街道、三州街道です、それから糸魚川街道の商品の流通に当たった中馬の中心地となり、糸魚川街道の商品の流通の要でした。中馬といいますのは今の運送業です。農閑期の農家の方が馬が空いているときに荷を運ぶ、松本もそんな一つの拠点となっておりました。城下町であると同時に宿場町としての性格を兼ね備え、明治期に入ると一時、松本県として長野県が二つに分かれました。それはまもなく廃止され、松本は家具の生産や、片倉製糸を中核とする蚕糸業など、商工業都市的な色彩を強めていきます。

さらに教育文化都市としての発展もこの頃に始まり、明治初年の学制発布当時の進学率が全国一といわれ、現在国の重要文化財として記されている旧開智学校、師範学校、松本中学などが次々と建設されたことなどから伝統的に教育を尊重する気風があります。

明治四〇年には松本に旧陸軍の五〇連帯が設置され、これと同時に篠ノ井線の開通、電話の市内付設等、通信面での成果も目覚ましく、軍都としてのみならず、大正年間には軍・文教・経済の中心的な存在となっております。昭和期に入り世界大恐慌に襲われ、松本の商工のすべての経済は下降状態となり、せっかく発展しつつあった製糸業の打撃も大きく受けました。

戦後の松本市は戦時中の疎開工業を転換とした機械工業、食料品工業、精密工業が興隆、昭和三九年に諏訪地区と合わせた新産業都市に指定され、あらゆる面で中南信地方の中心となり、発展を重ね現在の松本となっています。

その中で中町というのは、当時の東町、本町と合わせて俗に親町三町と言われて町人街を形成し、松本の城下町はここから規模を拡張してきました。街道筋の問屋街として、当時の中町は塩問屋、それから魚問屋などがありました。魚というのはとくに干物です。

昭和になり中町の商店街としての活動は一九七三年に商店街振興組合の結成を期に、積極的に展開されることとなりましたが、五三年以降、区画整備事業により基盤整備されたJR松本駅周辺への大型店の相次ぐ出店により、中町商店街を含む旧来の中心商店街は地盤沈下しております。

現在も形だけは非常にリニューアルされておりますが、中町、本町が住宅より遠いとか、ロードサイドショップの充実等により本来の現状復帰までには至っておりません。

松本においても現代的建築形態の町並みがほとんどとなった今、中町おける「蔵づくりの町並み」や、松本城に近く、故郷の川でもある女鳥羽《めとば》川に沿っているなど、いわゆる街づくりの資源、タネの多さは中心市街地の中でもかなり独自性を持っています。そのような町づくりの資源を生かした町づくりを進めることは中心市街地そのものの多様性を保ち、魅力を増進する要因となると思われております。

中町商店街では昭和六〇年頃から中町の町会、住民の自治体、三町会ありますが、そちらの方にも一緒に声をかけまして、商店街主導型でなく、住民と一緒に町を作り上げて、そこに商店をおくという試みで、取り組んでおります。そして基本のコンセプトとして「蔵のあるまちづくり」ということで臨んでいます。

2　中町の将来像とまちづくりについて

①基本的な考え方

伝統的建築形態を残す建物に関する町並みは、一般にはわが国から消え去りつつあります。その理由は、古い市街地がほとんどで、そのため道路網が未整備であり、基盤整備事業にかけられた場合事業実施と共に、取り壊されているところが多く見られます。

修理改装にあたって建築基準法、消防法等の制約条件が大きく、適法条件を満たすための費用に耐えられず、取り壊し新築されることが多い。

また伝統的工芸技術を伝承している技術者が少ないこともあります。該当敷地に設定されている容積率を使い切るためには、伝統的建築のままでは不都合があり、現代的建築形態に直してしまう場合が多くあります。その中で中町においては様々な理由で「蔵づくり」が残りました。というのは早い話、近代化に乗り遅れて、昼間は人が歩かないような寂しい町になっておりました。結果、中町という地区の個性を作るのに大きな要素となった蔵づくりの商家などが残り、その個性を、松本市の中心市街地が一般的現代的な町並みに変わっていくことを考えると、外からくる人々の松本に対して持っているイメージ(伝統のある潤いのある城下町)の形成と向上に大きく資するものがあるだけでなく、市民が松本に対し持ち続けるべき「ふるさと意識」の、目に見えるシンボルの一つとして貴重なものになると思われます。

中町に居住し、あるいは商売に携わっている人々の多くが蔵づくりの町並みの価値を認め、これを後世に伝承していこうと考えていることは松本の潤いのある町づくりへの基本的な条件だと思っています。

一方、余暇時間の増大と共に消費文化のニーズが多用化、高質化を見ており、日常生活の中においてさえ自己修養的な活動が行われ、その中では歴史と風土に養われた自分たちの町を知り、再評価するという、極めて高度で知的な要求もあらわれております。

そのような要求は定住者のみならず、その地域へのレクリエーション、観光や各種の事業等による来訪者の中にも多く見られ、この要求に対応する機能を持った一連の施設群としての商店街の果す効果は大きなものがあります。元より市民の要求してくる文化的ニーズは、より現代的なものに対しても強いものがあり、この様なニーズに対応する現代的な街並みや店鋪群を加えた多様性が本来の地方中心都市には望まれていると思います。

そこでそのような考え方に沿って中町においてはその固有性に基づき、「蔵のあるまち」をテーマとし、伝統的な町並みを活用した町づくりを推進し、中町を単なる商店街から全国的に見ても特徴のある住宅をもった有機的なショッピングセンターの街に考えております。

②中町の今後の方向性

中町の今後の方向性として、地元市民が中町に集う、中町は松本市民の心の広場だ、暮らしのある蔵の町としての蔵を有効利用する、松本中町を一種の観光化する、しかし一般的な観光地化ではなく、本物の環境の中で本物を商い、地元市民に愛され、利用されることを願っています。そのためには人が集い、利用しやすい施設、店鋪を備え、また季節感生活感の演出も必要となります。

中町の財産である「蔵」を武器として他の商店街、ショッピングセンターができない事を実践したい。またビル型商業施設ではできない季節感のある、空間の工夫を展開している。一般商店街にはない「蔵」を様々な手法で再生、再構築する、市民に愛され、利用してもらえる観光地商業施設とは何かを徹底的に分析し、検討しております。

中町の平面ショッピングセンターという位置づけは、一般的な商店街の品揃えもさる事ながら、個店の集まりが一つの集合体、つまり商店街として中町は発展しないというのが現状です。商店街の集客力というのは個々の店の集客の積み重ねや、環境整備で成り立っており現実では非常に微力な商店街が多く見受けられます。

中町において今後個々の商店の努力もさる事ながら、中町全体を1つのショッピングセンター、空間として捉えた立体的な構造による消費者へのアピールが不可欠であり、「蔵」という財産をもっと有効に利用し、「蔵のある街・中町」を一丸となって推進する。これらの環境のもと各々の将来像を再確認し、各自が切磋琢磨することを忘れてはならない。

同時にいつも心は中町に目を向けてほしいし、そのことが、結果各個店にもどってくることと確信する。

今後の具体的な方針というか、事業実施成果と実施事業商店街の集客拠点づくりということで、一九九七年当時隣町にありました造り酒屋の母屋がマンション計画で取り壊されることになりましたので、これを市にお願いして中町の方に移転してほしいという要請をしたところ、当時の首長に引き受けて頂きまして、中町の中間地点、ほぼ真ん中あたりにその土蔵ができました。それから道路も、電線の地中化、これも平成九年から始まり一二年後半までかかりましたが完成しております。

3　「まちづくり協定」について

主な事で平成元年に住民と商業者とテナント等の中町にいる人達が「まちづくり協定」を締結しております。それから一九九一年にはＣＩ事業を国の補助金を受けまして、振興組合が「蔵のある中町商店街」ということで、基本構想を作成し終わっております。

いろいろ行われる中でとくに考えられるのは、住んでいる住民の方を無視した意見ではいくら中心街といえども、生活とかいろんな問題はまず不可能だと思います。住んでいる方が非常にこの町はいい町だよという言葉が出るような生活環境を作ってあげると、来街者にも非常に居心地のいい空間になる。商店街として、商店として、拠点としてもなお一層工夫しなければいけないと考えている次第です。

それから「まちづくり協定」の中の一番の目玉は、新築等の場合一メートル以上のセットバックをしてほしいというのがありました。

これはあくまでも紳士協定ですが、平成元年から締結以来二八件の新築対象者に市の方から補助金が最初は一件一五〇万円でしたが、最近は三〇〇万円に増額して出ております。ただし年間二件しかできません。

ただこれは本当に勲章みたいなもので、当時一メートルもセットバックをしたところは後には歩道として提供してほしいという条件が隠されております。それを理解しながらやっていただいて、とりあえず歩道が完成するまでにはそこの部分を植栽とかいろんな形でもって利用する。

以上ざっと大雑把にやりましたが、大体こういうことが「中町の蔵のあるまちづくり」の現状です。

□中心市街地の活性化に向けて□

甲府市の中心市街地の活性化について

上原勇七

［略歴］（株）印傳屋上原勇七代表取締役社長。（協）ファッションシティ甲府理事長、山梨県貿易振興協議会会長、甲府国中地区地場産業センター販売協同組合理事長、その他。

ただ今ご紹介頂きました上原です。

甲府市の中心商店街につきましては、活況の時代を知っているだけに、早く元にもどらならないかという気持ちで一杯です。

1　戦前の甲府の街並み

昭和二〇年の七月六日の晩に甲府が空襲を受けました。ちょうどあと一か月ぐらいで終戦という時で、ほとんど甲府の市内が一夜にして焼け野原になってしまいました。

昔の甲府市内は土蔵づくりが多くて、非常に雰囲気のある町でした。小学校六年生ぐらいで、今も覚えてます。

ただ土蔵というのはご存じの通り横の火からは強いのですが、屋根からは非常に弱い。上からの空襲で土蔵のほとんどは焼失してしまいました。

明治の初期、当時の藤村県令が、今でいうと知事ですが、「藤村式建築」を奨励致しました。これは二階に欄干ある当時としては洋風の建物でした。そのほか土蔵というかいろいろありまして、そういう意味では、今お話の例えば「蔵のある街」と同じようなものがある。ただ活性化ということになりますと、先ほど申し上げたようにどういうふうにしたらいいのかということで、非常に難しさを痛感しているわけです。

2　歴史、文化をいかしファッション性豊かに

甲州ということでかなり長い歴史を持っています。それをどうやって生かすことができるのか。またその中から生まれた文化というものも一緒にどうやって付き合えばいいのかということを考

えてほしい。

その他にこれからの時代は、基本的にはやはりファッション性の高い街、どちらかというと例えばヨーロッパなんかのいわゆるファッション性の高いものを取り入れる。加えて非常に環境にも恵まれた街づくりというのが非常に大事です。

3　商店を中心に人の住む街づくり

中心街の商店を活性化させるためには、やはり人が住んでいないというのは良くありません。甲府はとくにそれが言えるんじゃないか。人よりかビルのほうが多いくて、夜はほとんど人がいなくなる。住んでない。

やはり、朝早く起きてお掃除をして、皆で会話をしながら夜遅くまで仕事をして、その地域を良くしているということがほとんどないような気が致します。

そういうことをしながら活性化している商店街というのが数は少ないようですが幾つかあるということを聞いております。そういう点ではやはりその辺からしていかなきゃならないのかなと思いますし、今後の課題だろうと思います。

なぜ中心街に人が住まなくなったのか。

これも幾つか理由はあるでしょうが、行政の関係からいきますと簡単に言うと、甲府は非常に固定資産税が高い。これだったら住まいは他の町の方がいい、あるいは、例えば水道料が高い。これはまあ去年ちょっと値段を下げたということですが、まだ高い。そういう幾つかの問題があります。この辺も行政も含めて商店活性化のためには変えていかなければいけないということです。

話がそれますが、来春は選挙です。そういう意味でも首長選挙にはこの辺をしっかりできる人を選ばなければならないのかなというふうに思います。

自治体で活性化するようなことをいっても、それは意味がないんで、きちんと変えることのことの出来る人をどうやって選ぶかというのは我々住民の役目だろうと思います。

今日は企業側の立場で来ていますが、どういうふうに判断するかということになるとなかなかいうことは難しい。行政、それから住んでいる人、商店として、そういう方がすべてが一緒になって旗を振った中でやらなければならない。それをどういうふうにしたらいいのかなということが非常に難しさを感じております。

先刻の先生の中からお話頂きましたが、ぜひ公共交通機関というものはどうしても必要だと、理由としましてはもちろん活性化ということも内に入るんですが、やはりこれからの高齢化社会が大きい理由だと思います。

それからもう一つは環境問題、先日うかがったのですが、通勤で敷島町から山梨学院大学へ来るまでに一時間ちょっとかかる。普通に来るとおそらく一五分ぐらいで来る距離だと思うんですが、車が渋滞して動かない、とその間ずっと排気ガスを出しているというのが実態。それが毎日朝、夕行われているわけです。

そういういろいろなものを、実際に誰がどうやっていくかということについても議論と現実にそれを進める対応の仕方と、この辺は今後やっていかなければならない大きな課題である。またそれをしないと絵は描いてもその絵を実際に、行動に起こさないと何もなりませんので、ぜひともこの辺をこういう機会を作っていただきましたので、より一層の世論を盛り上げることができるようにしていきたいなと思っております。

コーディネーター（中井）　どうもご協力ありがとうございました。

□中心市街地の活性化に向けて□

【コーディネーターからの3つの質問】

コーディネーター（中井）　では私の方からの質問に答えていただいた後で、会場の方からのご質問も受けたいと思います。

今回「中心市街地の活性化」というテーマでのお話の中から、二つの大きなポイントが明らかになったと考えます。

一つは、いわゆる都市整備の問題。もう一つは、さまざまな行政の支援を含めて人材の問題です。とくに商店街の活性化ということであれば、商店街としての組織的なまとまりが必要です。商店街に集中的に投資しようという政治的な決断、そういう人材の問題、政治的な問題が重要だということが明らかになってきました。

とくに後者についてはＮＰＯ組織、市民の力が通常の政治的なルートを越えて大きな役割を果たすんだということを事例として紹介をしていただいたわけです。

中心市街地の町づくりに関して市民の側から、または商店主の側から働きかけ、団結をするというところが重要になったわけです。

Q1「中心市街地活性化において町衆の重要性」というのはどういうことなのか

まず、戸所先生は「町衆」の重要性、つまりサラリーマン的な市民が増えても地域を活性化しない、地域の活性化に責任を持つ「町衆」の役割が非常に重要で大きいのではないか。さらに京都の「町衆」はかなり自立した市民の集まりだったと言われておりました。

そこでまずは、戸所先生に「中心市街地活性化において町衆の重要性」というのはどういうことなのかということをお話頂きたいと思います。

A1 元気のない町というのは、よそから舞い戻ってきた人は、「なんかお前悪いことでもして帰ってきたのか」という言い方をして、なかなか入れてくれない。

【戸所】 私は「町衆」というのは、その地域に生きていて、その地域の過去、現在、未来を語れる人間であり、かつその地域を時代に対応して良く作っていこう、その地域で生き抜こうという人だと思っております。

そういうふうに考えたときに、京都というのは結構そういう人がいる。

「町衆」が大切だなと思ったのは、一九七〇年代の後半に、私は二つの町の商業調整協議会という大型店の出店に関する会議で、出店調整をやらせていただきました。

一つは某県の県庁所在地で、割合大きな町なんですが、当時はまだ中心市街地にかなり大型店が入ってこようとするときでありまして、筵旗を立ててかなり強く「反対」した人達がいるわけです。

その時に私が申し上げたのは

「商業者の方は反対と言うけれども、どうも近視眼的にしか考えていないんじゃないか、後継者はいますか、今この大型店問題を含めて、地域の問題というのは三〇年ぐらいのオーダーで話をしなければいけないのに、なんか近視眼的に話しているんじゃないですか」と。その時、「後継者なんかいませんよ」と言われました。

現実として二〇年ぐらい経ってくるとその人達に、もう元気はない。

ちょうどその頃、大店法改正があった。

もうその頃には、街も衰退してきて、

「先生の言う通りや、なんでも言う事を聞きます」となってしまいました。

他方、後継者を作ってきたもう一つの町は中心街に大型店が集積し、今でも活気を帯びている。

その二つを見ても、やはりその地域にずっと生き抜いてきて過去、現在、未来を語れる人材がいるところというのは強いなあということをしみじみと感じたわけですね。

この過去、現在、未来を語れる人材というのはどういうのかなというと、誰もそこにずっといる必要はないんですね、例えば大学で外に出てよその飯を食って、また戻ってきてそこに他の文化を吹き込む。あるいはまたそれを受け入れる風土が地域にもあるという、お互いの関係が必要なんです。

とかく元気のない町というのは、よそから舞い戻ってきた人は、「なんかお前悪いことでもして帰ってきたのか」という言い方をして、なかなか入れてくれない。

ずっといる人達だけでガチッと固まって、俺が「町衆」だと言ってみても、これでは未来を語れないんです。過去ばかり語っている。

やはり入ってくる人も、ずっといる人も、お互いに機能しながらやっていける社会というものが必要です。これが「町衆」の大切さなんです。

私が三〇年ほど生活しました、京都という町は、商売をやっている人達に優秀な人が多いんです。わたしのゼミにいた学生もいましたし、日本で最も優秀だといわれる大学を出て、小さな家業を継いでいる人間がいるのです。

他方で、関東では反対の例が多い。例えば、某県庁所在都市に有名な饅頭やさんがあったんですが、そこの息子さんは優秀でみんな東大へ行ったんですね。案の定みんな東京に就職して、有名な官僚になって郷里には帰ってこない。その結果、非常に美味しい、誰もが知っている老舗のお饅頭の技術も実は外に出さないといって閉めてしまって終わりというようなことになった。

それが京都の場合はつながっている。京都出身者には、国家I種と京都市役所に受かってどっちにいくかというと、国家I種よりは京都市役所を選ぶ人が多い。あるいは京都府を選ぶ。それでいいという雰囲気がある。

そこには、工業化社会で作られてきた、サラリーマン社会の上下関係ではないシステムがある。そういうのが必要じゃないか。

商人の世界、例えば商工会議所なんかはもっとオープンになってもいいんじゃないかなと思うんです。階層性があったり、「あの人にはものが言えない」という人がいる。これでは「みんなでどうしていこう」というまじめな議論ができない。それを崩していくためには、一人一人が自分の足で立ち、自分の考えでものが言えて、その地域の過去、現在を語ることができる人が育っていく必要があるんじゃないかなと思いました。

そのためには、まず親が自分の商売に誇りを持つ必要があります。

京都では、親がやはり誇りを持っている。「もうあかんあかん」と言っていては駄目ですね。若い人というのはその時代に対応して生き抜く力をもっている。また親の代よりは違った店をやっていこうというものがある。未来を語るということになるんですが、そういった空間づくりをしていくということが必要である。

それから、やはり若い人が魅力を感じるような新産業を若い人とともに作り上げていく「知恵の時代」は、大学を地域が育てていく必要があるのでないか。

今までの工業化社会というのは大学も格付けされてましたが、これからはその大学で何ができるかということになってくると思います。どういう人材を育てるかということがその大学の評価になると思いますし、そういう面からもやはり人づくりが根本的に必要なんだと思うわけです。

いずれにしろそういう形での町づくりが必要だろう。地方は、それぞれ優秀な人材を出しているんですが、有能な人達がまず大学に受験する段階で外に行ってしまう。そしてその人達が今度は「あんなところに帰れるか」と地方を馬鹿にする。

そういうところが駄目なんですね。その人達もその子供たちも帰ってきやすい町をつくる。あるいはそういう頭をもった子供を作っていかないといかんのかなと思っております。

私自身も外へ三〇年出て故郷に戻っていろんな経験をした中からそういうのを感じるわけです。

【中井】（コーディネーター） ありがとうございました。「町衆」の話から、「町づくりにかかわる大学の役割と責任」の問題までお話し頂きました。

Q2 スプロール的に拡大した都市地域で「分散型ネットワーク型」の都市構造は可能か

【中井】（コーディネーター） 伊藤さんのお仕事はＮＰＯの領域が重要だとか人材の問題だとかということを強調されたわけですが、それと同時に、コンパクトな街がいいのだという意見になりながらも、甲府をざっと見た限りでは非常にスプロール化が進んで、田圃の中に市街地が広がっていると、こういう甲府の市域を越えて周辺部にスプロール的に乱開発が広がり、市街地が広がっていく。さまざまな施設が田圃の中にある。

ここまで広がった甲府周辺の地域において車に変えて公共交通を導入するのは可能性としてはあるのか、それともないのか、特にバス交通というよりも新交通システムで路面電車の復活ですとか、モノレールとか、そういうものもイメージをしているわけですが、そういうものがここまで道路網が広がり、車社会になった現在において導入は可能なのかどうかということを伊藤さんにはお聞きしたい。

A2 総合的な施策の中できちんと位置付けた上でバス利用活性化を考える。

【伊藤】 分散ネットワーク型というのは、目標としてあげたんじゃなくて、実際にそうなっているんで、その理念上もう少しいい状況に展開していけないだろうかという意味で申し上げています。現実にそうなっている以上それに対処しなければいけないということです。

そういう分散ネットワーク型を前提にしたうえで、じゃあ、そこでどういう交通システムを考えればいいかということになってくるんですが、実は、モノレールやLRTは、やはり一方向ないし二、三の方向位で軸となる短距離トリップ、つまり通勤などの交通需要がないと、新規導入は難しいような気がします。そこでバス利用活性化について申し上げるのですが、これは既にいろんな自治体でやっていて、甲府でも熱心にやっておられるわけですが、この問題はまだまだいろんな研究の余地があると思います。

一つは、環境や福祉と結び付けて考えることによって、バス利用の活性化に新たな考え方なり財源なりを含めて考えていく。そういう総合的な施策の中できちんと位置付けた上でバス利用活性化を考える。その中で新たな手立てはあるのではないかということです。

それから、例えば静岡県内の富士市とか静岡市でパークアンドライドシステムなどが、とりあえず市役所などの事業所単位で始められています。それも参考になるかと思います。

もう一点、バス利用に関して、コミュニティバスが静岡県下でも多くの市町村で導入されました。ただしこれは結構人が乗ってですね、採算もそこそこというのはごく数路線ぐらいしかなくて、ほとんど赤字で税金を投入してみんな困っているわけです。人口が減ったりする中で、毎年数百万円の赤字をかかえて本当にいいのかどうかということで、結構これは難しいなという気がします。

そういうバス利用について真剣に取り組んで、もう少し長い目で見た取り組みがまずは基本になる。実際、分散ネットワーク型になってくると、みんな勤め場所というのはあっちこっちにあってこの県域の中であっちこっちに動くんです。そういう動きがあるところというのは実は交通機関がなかなか成り立ちにくいということだから、むしろコミュニティバスと基幹路線バスをうまく組み合わせるような、「山梨モデル」みたいなものを検討してみることが、ある種基幹路線バスみたいなものが成立するようなところで、かなり環境的な施策を強力に打ち出せればですね、一部がいろいろな区域を回っているとか、そういったものに置き換えていくことができるかもしれないというふうに思います。いずれにしてもこれはなかなか難しいというふうに思います。もう一つ、サブシステムでシニアカーとか自転車とかですね、やはりそういうコミュニティレベルの交通手段というものも、これは高齢化も進みますし、環境対策という面もあるので、もう一遍きちんと基幹交通システムに合わせて、それは活用・運用システムの部分もきちんと合わせて検討すべきです。静岡市の呉服町では去年シニアカーの実験をやりました。まあ商店街でやるとPR効果が非常に大きくて、大変好評でした。僕ら現場にいたのですが、通り掛かりの人からこれ幾らするんだとかいろいろ聞かれました。要するに自分のおふくろさんに買ってやろうと思っているとかですね、そういう人結構いらっしゃいますね。高齢社会もだいぶ進んできておりますので、そのシステムも結構重要かなということです。

もう一つ交通システムの運行の担い手ですが、例えば静岡県内では、まだわずかの例なんですが、コミュニティバスの運行を地元のNPOに委託しているケースも出てきているようです。その地域のお年寄りのために足になってさしあげるというようなことであれば、地区の方々みんながお互いに支え合うというコンセプトの中で、きちんと話を積み上げていくことによって、NPOが関わっていくことができる。ただし、ぜんぶNPOが全く無料ではなかなかできないので、やはり必要な範囲で資金を入れていくことが必要です。それを一般の人の買物や通勤・通学にも利用できるという方向で発展させることが考えられます。ネットワーク型になると交通システムとして難しくなるし、細かな対策が必要になってくると思うのですが、今後の社会的な進展の状況を考えていくと、もう一度そういった少しきめ細かな地域で議論をする方向にお互いに状況を動かしていくというようなことが大切かなと思います。

Q3　松本の場合、商店街としていかにするかへの動き、まとまりがどういうことがきっかけになって、またどういう理由で進んだのか。

【中井】（コーディネーター）　もう一つ、甲府市と松本市を比較して、松本市が成功した原因は一体何なんだろうか、また松本市から学ぶ点というかヒントは何なのかというテーマがありました。

お聞きする中で道路整備及び「電線の地中化」なんかをやるとか、「町づくり協定」をやるとか、住んでいる住民に対する配慮が重要だとかいうようなヒントは頂いたわけですが、これらは同時に行政の支援がないとできない部分ではあります。

松本の方はこういう面はどうなんだというような問い掛けに当たる部分がありましたものですから、それを吉川さんにお答え頂きたいと思います。

一点目は、甲府市の方はほとんどの商店主は店舗に通勤をしているという状況のようですが、松本市では商店主が店舗に住むような再開発をしたのか。

二点目は、甲府が観光地としてあまり発達をしなかったのは昔からあった伝統的な建築物が空襲などで全部壊滅をしたからだということであったと思いますが、では松本は戦災に遭わなかったのか、何が起ったのか、もしくは何を再建をしたのか。

三点目は、甲府市の場合は商店街として再開発してやっていこうというまとまりがあまりないという話のようですが、松本の場合、商店街としていかにするかへの動き、まとまりがどういうことがきっかけになって、またどういう理由で進んだのか。

この三点をお聞かせ願いたいと思います。

A3　その「蔵」という言葉に託されているのは「先輩からの大事なものを次の人に伝承して伝えていくのだよという気持ち」

【吉川】　それではお答えします。

一番最初の「商店主がそこに住んでいるのか」ですが、正直言いまして三分の一ぐらいしか住んでおりません。

五三年頃、隣の本町というところが近代化することによって、全国的にも同じになっているアーケード付きの歩道ができた。四角い商店街を作ってしまった。その時彼らはほとんどが自宅を郊外に新築した。それを見ながら我々は外から指をくわえていた。中町はそれだけの力が無かったのです。その時は急に変化することができませんでした、ですから徐々に帰ってきていることは事実です。

やはり店に住んでいないと朝早くから対応ができない。夜遅くまで対応できない。これは商売をやっていてやはりお客さん相手の家業ですから。

それとまとまりがどういうふうにできたのかというようなことは、我々だけの力では一番難しい問題で、例えば商店街が活性化するにはどうしたらいいかという、一番大事な質問で我々よく何やったらいいんだい、どうやったらよくなるんだいということはまず行政の人に問い掛けますよね。彼ら行政の人だって答えられませんよね。いや行政の人を馬鹿にしているわけじゃないですよ。その時にやはり一番先に我々がやらなければいけないことは自分達がもっと勉強しなければならないことはもちろんですが、専門家を早く見つけることだと思いました。

我々の中町はたまたま四回目にしていい専門家に会ったもんですから、その方の指導でいろいろなことが全部できるようになって、それまでは行政の人と喧嘩をしてたんです。「ちっとも協力をしてくれない」とか、「お前たち何も知らないじゃないか」ということまでいいました。だけどそれは間違ってました。

ただ、行政の担当者は二年間ぐらいで変わってしまうものだから、なかなか継続した仕事がしてもらえない。少なくともそこにいる限りは、できるだけプロ意識を持って、我々に「こういう方法があるぞ」「一緒にやろうよ」と力を貸していただきたい。

基本的には、この商店街をよくしようという気持ちがあるかどうかです。住みよい町づくりをしますよということをいえば、大概の人が喜んでやってくれるんだと思います。

それと中町は幸い戦災には全然あってないんです。ただ一〇〇年ぐらい前に大火がありまして、その時に町屋のほとんどが消失したあとに、蔵を作った。その蔵が住民側の立ち直るきっかけにもなりましたのです。それとハードの面では「蔵」と言っておりますが、その「蔵」という言葉に託されているのは「先輩からの大事なものを次の人に伝承して伝えていくのだよという気持ち」です。ハード面での「蔵」だけでやろうというようなものではないことだけは分かって下さい。

□中心市街地の活性化に向けて□

会場との質議応答

▲会場風景

【中井】（コーディネーター）　ありがとうございました。それでは会場からのご意見、質問を頂きたいと思います。

市民サイドが努力しなければいけない。行政が悪い、悪いと言ったって、一向に進みません。

【会場Ａ】　私は今地元で観光ボランティアをしながら町の活性化に少しでも貢献しようという思いから、そういう中で非常に今私どもの町もまちづくり、町活性化市民委員会なんかありまして、学識経験者五名の中でそういう動きをやっているんですが、市民が一切その場に入れないんですね。あくまでも行政主体でそういう動きがあったわけです。

今日の戸所先生のお話にもありましたように、やはり町づくりは住民、市民が積極的に参加して、自分達のニーズをまとめていくことが必要です。

今年の夏、小布施、松代、飯田、長野の地区がどのように活性化に動いているかということで研修にいったんですが、いずれにしても当事者、商店街に「俺たちのまち、中心街を活性化しよう」というエネルギーがやはりまちづくりに成功した最大の秘訣だというふうに私は認識しました。

今松代が盛んに町おこしをやっております。これは中心街でなくて町全体のまちづくりということで、これは市民が試験的に参加して市民主体でもってそういうまちづくりをしていこうという動きです。

それともう一つその中で、行政サイドが非常に消極的です。ほんの些細なことを立ち上げようとしてももうとにかくたらい回しにされてやっとそういうことができるわけですね。まちづくりなんかの問題の時には、垣根を取り払って、一か所でもってそういう問題がスムーズにいけるようなやはり支援づくりをぜひやって頂きたい。

それともう一つ我々市民が常に思いますのは、「行政が動いてくれないからよあいいではないか」まあ「これは止めておこう」ということではなくて、いかに行政を動かすか、行政と共生していくような、市民サイドが努力しなければいけない。行政が悪い悪いと言ったって、一向に進みません。そういったことを参考にしながら、あるいは今日の講演会を参考にして本当の市民の一人ですが、今後も私どもの町の活性化に、あるいはまちづくりに動いて、活動していきたいと思っております。

Q　行政サイドはなぜこういう商店街の中心市街地の活性化に積極的になれないのか

【中井】（コーディネーター）　それに関連をしまして、行政サイドの消極性というようなことが今でたわけですが、行政サイドはなぜこういう商店街の中心市街地の活性化に積極的になれないのかをお話し頂きたいんですが。

A　組織が縦割りで、当然複数の課が絡みます。しかし、そこでは自分のところで所管している話しか責任上できません。

【会場B】　僕の感じているところを申し上げます。

やはり、組織が縦割りで、例えば、「中心市街地がこのようなことをしてほしい」というと、当然複数の課が絡みます。そして、そこでは自分のところで所管している話しか責任上できません。そしてそのばらけたものを足して一緒にしたところで一つの形にはできません。集まって一つの形を作るというためには上からの命令によってプロジェクトチームを作らなければなりません。しかし行政というのはあまりそういうことをしません。

Q　市街地の活性化と言いますが、なんか単に商店主を儲けさせる、地元だけのためという感じがしてしようがないのですが。

【会場C】　戸所先生にちょっとお聞きしたいのですが、市街地の活性化という言葉を言われるのですが、なんか単に商店主を儲けさせる、地元だけのためという感じがしてしようがないのです。閉鎖的な風土で後継者がいない、考えていることはかつての町の活気だけと、そんなところを活性化する必要が本当にあるのかという素朴な疑問をいつも感じるのです。
お祭りといってもそこだけが華やかになっているだけ、何のためにここはこうなのかというふうな気がして仕方がないのです。いかがでしょうか。

Ａ　中心のない町は駄目になっていく。従ってやはり市街地から活性化させよう

【戸所】　私もいつもそのことは感じることなんです。というのは私は「中心市街地の活性化」ということについて、関西、あるいは地元に戻りましてもいろんな所で中心街の活性化に尽力させていただいていました。しかし、自分が住んでいるところは中心市街地の外です。私の地域は比較的に優良な住宅地で、敷地面積は大きく税金が高いんです。しかし、その割りには公的な施設は良くない。税金を収めただけのメリットがない。

ところが中心市街地というのは、補助金など、なんだかんだと出るわけです。更に、中心市街地活性化法まで出来て、どんどんお金が出ている。

そういう中で、私が知る限り、商人の方たちというのは、空店鋪が多くなり「自分たちの力で活性化しよう、もう後がないから」と言ってたのに、活性化法が出来て、お金が出るとなったら、途端に今まで話し合ってきたことをがらっと変えて、補助金が取りやすいような方向に策を変えていくわけです。役所もその方向に誘導するわけです。いかに早く認定されて補助金が取れるか

というようなことを言うわけです。

そうすると、私は何をやっているんだろうと自問したくなります。彼等の儲けのためだけ、あるいは今まで皆が中心市街地と言うけれど、結局皆の税金を使ってそして活性化をしないで、そしてまだ使う気かと、こういう気持ちになるんですね。

ところが翻って、じゃあ皆さんに「前橋という町に魅力がありますか」あるいは「高崎という町に魅力がありますか」と聞いたときに、行ってみたいと言ってくれる人はあまりいない。

しかし、中心の街がキラキラ光っているところは、「一度行くわ」と言ってくれる。そういう町は、データから見て、外部からの投資も進んでいるんですね。企業なんかも進出しようとするんですね。あるいは交流人口も増えているんですね。あそこはだめだといわれるところは駄目なんですね。やはり結局駄目な人間もいるけれども中心市街地が良くなければ都市全体が駄目になる。なんとかしなくてはならない。

やはりそこにいる「町衆」が頑張ってもらわなくては出来ない。だから育てようということになる。もういい加減な人は出てもらいたいぐらいなんです。

ところで、アメリカで私の関わったことと日本の中心市街地で関わったことで一番違うのは、アメリカでは土地、建物を昔から持っている人というのは少ないことです。そこで過去、現在、未来を語る人はいても、これは俺の土地で絶対誰にも使わせないぞという人はいないんですね。だからいい計画が出たら、まちづくりをやって、市民も投資する。市民も投資できるシステムがある。

ところが、日本の場合は、「ここは先祖伝来の土地だ」と、一番一等地であっても使わせない。そういうようなことがあってギクシャクするところがある。

これは「町衆」じゃない。個人のレベルでものを考えるか、都市レベルで考えるかによって、評価が変わってくるんです。ただ、こういった時代、個人のレベルでは、先ほど言った「町衆」も変わりましょうというぐらいで、言わざるを得ない。やはり町というものを育てていくためには、中心市街地は必要なんです。

どういう視点で見るかによって変わることも事実です。

ただ結論的に言えば、中心のない町は駄目になっていく。従ってやはり中心市街地を活性化させよう、そして駄目な人は追い出すぐらいの覚悟がないといけないのではないか。行政が悪いとかなんとか言っている時代ではもうないんですね。

だから、この機会にもう駄目なところは完全に潰して、本当の意味で次の時代に新しい中心を作って、そこで構造的に作っていくのなら、それはそれでいいかもしれない。ただなかなかそういうのは歴史がないところというのは難しいということもある。

その辺でせっかく今まで税金を投入して一番システム的に良くなっている、そして誰もが交通面でもいきやすいようになっている、そこを生かすことは、大事に考える必要があるのではないかというところだと思います。

どういう評価をするか、そこの辺の合意ができないとなかなかこの中心市街地の活性化というのはうまくいかない。郊外派と、中心街派と市議会でも多くのところで揉めてますね。ですからそこのところは「なぜ必要なのか」という、コンセンサスをまず取らないと。そのためにはやはり将来像をきちっと作って、「やはり必要なんだ」ということを伝えていけなければいけない。

Q「甲府に住ませよう」という行政の取り組みの意思は?、住民の意識は?

【会場D】上原先生に伺いたいんですが、先ほど松本市は商店主が町に住んでいるというお話がありました。私も甲府の周辺に住んでいるものとして、ずっと甲府を見てきたのですが、甲府から郊外に出ていく人もいますが、甲府に住まなければという意識に立ってきている人はいるものと思うのです。

実際に出ていく人はともかく、これからは「甲府に住ませよう」という行政の取り組みとかあるいは住民の皆さんの意識が今甲府市にあるのだろうか。その辺をちょっとお聞きしたいのです。

A 今のところ「ない」と思います。

【上原】私は、今のところ「ない」と思います。理由は、やはり甲府を出た理由が、当時バブルで景気がよかった時代、店が狭いということで、店を広げてやろうというものがかなりあったと思うんです。そして住宅を外へ出した。

その後今度は店も売上げがだんだんなくなってきたけれども、こっちに帰ってこないでそのままになってしまうということです。

それから、先ほどの、なぜ中心市街地を活性化しなければいけないのかという話ですが、税金の無駄遣いではないかというお話ですが、確かにそうだと思うこともあります。

これは今後のいき方としては、地方の時代ということになりますので、首長、議員の方々をはじめすべての方々が、他の都市、他の県に負けないようにしっかりやらないと、一層格差が出る。山梨県の市町村間でかなり格差が出ているような気がします。

これから選挙にあって人を選ぶことを含めて、もっとしっかりと住民が対応することができる知識と実行力を持つということが大事だと思います。

Q　コンパクトシティの意味は？

【会場E】　伊藤先生にお伺いします。甲府市の場合、中心部の衰退状況も、魅力がないといわれる一つの大きい理由なんですが、その中心部に住んでもらいたいけれどもなかなか住める状況ではないというのが実態です。

ですから、ここに住んでもらえるような施策をとることは当然ですが、一方で、この甲府市のいわゆる調整区域という場所を早く開発をして、スプロール化を防ぐのではなくて、住み良い住宅地を形成していこうと、その方々が昔のように、甲府の中心部へ通えるような魅力のある商店づくりをしていく、そうすることで甲府市の人口も増えるし、中心部購買力を付けていくと、こういうように考えるんですが、先ほど伊藤先生がおっしゃった、どうも分散していく方法で、スプロール化を防ぐんだというように私には取れたのですが、そのへんの説明をお願いしたい。

A 農業と共存するような暮らしができなくはない

【伊藤】 短い時間の中で説明が不十分だったと思いますが、コンパクトシティというのは従来から理念としてあったけれども、なかなかそれが実態として実現していきにくい状況があって、現実にはかなり乱開発の分散ネットワーク型の市街地形成があるという実態があります。

その中で、もうちょっと交通とか排水の問題とか、いろんな市街地環境上の諸問題について一極集中型じゃない構造を原点とした、街づくりを考えたほうがいいのではないかということです。

それを、甲府の中心市街地については従来型、つまり一極集中で人が集まってきてにぎわって店もにぎわうということだけではなくて、もうちょっと違う独特の観光客を呼び込むのもいいのですが、あるいはさっき言ったようなスペシャリティショップみたいな、かなり個別的専門性の強いお店を提案することによって、そういうことを評価する人が広い範囲から集まってくると思うのですね。あるいは逆に甲府の中心市街地周辺でマンションとか東京都心居住のための住宅供給がかなりアップして、その近くの人達が買物のできるようなコミュニティ商店街にシフトしていく、そういうような今までと違う観点を加えた中心市街地の活性化をやった方がいいのではないかというふうに私は思います。

今調整区域の見直しが全国で議論されているんですよ。これはやはり土地を持っておられる方だとか、そういう観点からいうと、調整区域をなるべく開発したいということはあると思います。場所によっては調整区域の中でも住宅の設置は有り得ると思うんです。ただしさっき言ったように立地環境法整備とか、そういったところをきちんとしなければいけないということと、やはりフレームの問題というのがあります。人口が必ずしも増えていない、あるいは工業生産とかも伸びてないという中で、どうして市街化区域を拡大しなければいけないのか、という議論もあります。そういう意味では、非常に楽観的に考えると、もう一辺排水の問題とか環境の問題とかを解決しつつ、田圃とか緑があって、綺麗な小川も流れていて、買い物に行くのも不便でない。要するに自然と共存するような、農業と共存するような暮らしができなくはないですね、そういう既存のスプロール市街地の改善、調整区域の活用の仕方なら考えてもいいと思います。

A　戸所先生のいう「コンパクトシティ」とはなにか。

【戸所】　私のいうコンパクトな街について、若干、誤解もあるかと思いますので補足させていただきたいと思います。

都市の形成をみると、中心に旧市街地があり、それをとりまくようにバイパスなどを中心に新しい市街地があります。さらにその外側に田園が広がっています。商店の立地をみると、まず、旧市街地に立地し、次にバイパス沿いに立地します。そして今日では、大型ショッピングセンターがバイパスの外側の何もない田園にドンとできるようになっている。資本の論理にまかせて商店立地をおこなっていると、旧市街地は過去の街として捨てられ、外側にどんどん新しい街ができていきます。行政はそれにふりまわされて基盤整備をさせられています。

これを是正するためにはこの広がった市街地をこれから何十年間かけて、百年のレベルで小さくまとめていく。そして分散化した市街地もまとめてコンパクトにしていく。こうして出来あがったコンパクトな市街地相互を公共交通でつなぐ。ネットワークを作るという方法に変える。中心にもコンパクトな市街地、郊外にもコンパクトな市街地を形成し、それらを公共交通でネットワークする。それがコンパクト化です。都市全体をコンパクトに一つにまとめるのではありません。

先程大都市化、分都市化と言いましたが、京都の総合計画の考え方もそういうふうになってきております。各区を基本的にコンパクトにしながら全体としてネットワークをする。それは人口を減らすとかそういうものではないですね。

それともう一つの問題は、住宅を作るためには、職場がなければいけない。同じ人口でどこかにいい住宅を作ったらどこかが必ず空洞化するんですよ。職場も同時に作らなければいけないですね。これからは職場づくりも海外移転があり難しい。そういう中で職場を作り、住宅等をどうセッティングしていくかといったときにはかなり強力な土地利用制度がないと、コンパクトな街づくりは難しいと思います。

□中心市街地の活性化に向けて□

まとめ

【中井】（コーディネーター）　議論が尽きないようですが、そろそろまとめに入っていきたいと思います。

知識と実行力を住民が持つことが必要なんだという話も出るなど、論点がいろいろあるわけですが、最後にパネラーの方々に一言ずつ補足をお願いします。

▼新しい事業領域を造り出す仕組みを作れ

【伊藤】　先ほどの塩山の方が、なかなか心強い発言をされました。おそらく他の町にもああいう方がいらっしゃると思います。先程のお話の中にやはり町がにぎわってほしいと、そういう思いの方結構多いと思うんです。そういう気持ちをキチンとどう育てられるかということになるわけです。

多分今時点で気持ちが強ければ強いほど、なんとかできない状況の中で、苛立ってしまったり、逆に意気消沈したりとかしてしまいますが、実は公・民・コミュニティ以外の主体によるNPOなど市民・住民センターによる、第四の領域みたいなところが大きな可能性を持って我々の目の前にあるような気がするんです。それを支援するような補助金とか、あるいは役所の側でのものの見方も相当成熟してきているわけなんで、やはり新しい事業領域、市民の方々もそうですし、商店主の方々もそうなんですが、ちゃんと育てる、あるいは行政の人達も含めて支援していくような仕組みとか仕掛けをちゃんと作っていって欲しいと思います。それができるところは活性化して、成功の道に入っていくだろうし、そうじゃないところはずっと落ち込んでいくような気がしますね。

ひとつ、やはり「甲府モデル」とか「山梨モデル」みたいなものを作り上げていくのがいいのではないかなというふうに思います。

▼地元の人間こそ積極的になれ

【吉川】　行政がやっているのではなくて地元の人間がやはり積極的に取り組んで、行政の人間を取り込んでいく気持ちでやらないと、こういうものはできないと思います。一人でも行政マンを我々の味方に付ける。その努力を地元の人間がまずすべきだと思います。

▼公共交通機関を実現する

【上原】　私は、公共交通機関をなんとか実現する努力をしていきたいと思います。五十年あるいは百年かかるかもしれないけれども、新しくできる南アルプス市なんかも含めた広域の公共交通機関を作っていきたい。よろしくお願いしたいということです。

▼市民ひとり一人が街づくりの哲学を

【戸所】　現代のような時代の転換期は単なる市街地整備や改良事業をやったりしているだけでは駄目だと思います。その根本であるところの土地利用制度とか、土地税制とか、あるいは交通体系をどうするかを、これからの一〇〇年、二〇〇年後の新しい時代のために転換する楔（くさび）を打ち込んでいくということがないとなかなかうまくいかない。

そのためには市民一人一人が町づくりの哲学を持ち、皆でコンセンサスを得て適確な将来像をもつことが必要であり、その将来像を実現するために努力をつづけねばなりません。それなくして単なる市街地整備などを行っていくだけでは中心市街地の活性化あるいは地方都市の再生というのは有り得ない。

ですからその面でも例えば市街化区域、あるいは市街化調整区域の問題を含めてきちっとかなり強力にどういうふうに規制していくか、お互いに合意が取れるように努力する、そのことが非常に重要なことではないかなと思います。なお、その際、一つ一つの自治体が個別に規制するのでなく、都市圏全体が一体となって協調して取り組むことが不可欠です。

▼都市計画コンサルタントの存在の重要性を痛感

【中井】（コーディネーター）　ありがとうございました。山梨も市町村合併ということで都市地域が増えていくでしょうし、また今までの町村のような体質では追いつかない部分もあるわけで、そうしますと、こういう将来都市像の検討、そして、立地環境コントロールも含めて様々な規制をしながらより良い地域環境を自分たちの手で作っていくんだという意気込みが是非必要になるわけで、行政も個人も含めて、都市計画システムというものをいかに実現をしていくのかということが大切だと感じました。

今日は話の中では隠れてましたが、成功する事例を見ますと、やはり陰にはそれを応援、支援している民間でもないし行政でもない都市計画コンサルタントという専門知識とノウハウを持ちオーガナイズする実行力を持った存在の重要性を改めて痛感をしたわけです。

以上本日は中心市街地の活性化へ向けてということで、三時間にわたってご静聴をいただきました。まだまだ議論し尽くせない論点もたくさんあるわけですが、これを契機としてまた検討し考えていきたいと思います。活発な議論をしていただき、ありがとうございました。

閉会の辞

濱田一成　（山梨学院大学行政研究センター所長）

一言ご挨拶申し上げます。行政研究センター所長の濱田です。本日は会場においでの皆様方には長時間にわたるシンポジウムにご参加をいただき、最後までお聞きいただき、また活発に質疑応答していただいたことに対し心からお礼申し上げます。またパネリストの先生方からは大変貴重なたくさんのヒントのあるお話をいただきまして心より感謝いたしております。

今日のこの会合で得られました様々な成果につきまして、それぞれの方がお持ち帰り頂いて実践に取り組むということでお考えいただいたら私どもシンポジウムの主催者として大変ありがたく思います。

これからも行政研究センターでは重要な課題を取り上げましてシンポジウムを開催していきたいと思っておりますので、今後ともどうぞよろしくお願い致します。

本日はどうもありがとうございました。

現職社会人に教育機会を与えるため、本研究科では、地方自治体や各種公共関連団体・機関、企業などからの委託学生も受け入れています。なお特定の専門事項について研究することを志望する者には研究生、１科目または数科目の履修を希望する者には聴講生の制度があります。

3）余裕ある研究環境

大学院研究棟には講義室、演習室、研究室、図書館が用意され、ゆったりした雰囲気のなかで研究ができるように配慮されています。

4）週２日の通学

科目選択の仕方により、週2日程度の通学と、集中講義（土・日ないし夏休み時期）の履修で必要単位の取得が可能です。

5）海外での地域研究

海外での地域研究は、国内での準備学習と海外研修を組み合わせて単位認定します。

※資料請求、入試等については、次の事務局にお問い合わせ下さい。

山梨学院大学入試事務局

［所在地］〒400-8575　山梨県甲府市酒折２丁目４－５

ＴＥＬ０５５－２２４－１２３４（入試センター事務局）

ＴＥＬ０５５－２２４－１６３０（大学院事務局）

夜間・社会人中心の大学院

山梨学院大学・大学院社会科学研究科・公共政策専攻修士課程の紹介

1　目的

1）公共政策を担う人材を育成

市民の生活にとって重要性を増している公共政策について研究・教育を行い、地域の政治・行政・経済・教育などの分野に、重要な役割を果たす人材の養成やキャリア・アップを目指します。

2）社会人のキャリア・アップに重点

主として現職の公務員や地方議会議員、学校の教職員、各種公共関連団体職員などのキャリア・アップに重点を置き、併せて企業後継者の育成、政治家や税理士を目指す人材の養成を行います。

2　授業内容

1）実務と密着した高度の理論研究

講義は実務と密着した高度の理論研究と能力養成を目指します。そのため、研究・教育においても論理性を中心とし、実務教育、問題解決志向を重視します。

2）社会科学を基礎に、幅広い専修を置く

教育内容の特徴として、地方自治、行政法、民法、商法、中国法、政治学、教育〈生涯学習〉行政・教育法、経営管理論など幅広い分野について専修を設け、各自の興味・関心に応じた深い研究ができるカリキュラムになっています。

3　研究概要

1）修業年限・学位

標準修業年限は2年間ですが、4年間まで在学することができます。2年以上在学して所定の単位を修得し、論文審査に合格した者に修士（公共政策）の学位が授与されます。

2）地方自治体や公共関連団体・企業との連携（研究生・聴講生・委託生制度）

山梨学院大学行政研究センターの概要

国際的および全国的視野をもちつつ、地域における自治体および公共政策の研究・調査を行うとともに、公共的団体・機関の要請に応じて受託調査、研修などを行い、我が国の行政の研究と発展に資することを目的として、1990（平成2）年に設立された。

［所在地］〒400-8575　山梨県甲府市酒折２丁目４－５
ＴＥＬ　０５５－２２４－１３７０
ＦＡＸ　０５５－２２４－１３８９

中心市街地の活性化に向けて

２００３年2月１５日　初版発行　　定価（本体１，２００＋税）

編　者　山梨学院大学行政研究センター
発行人　武内　英晴
発行所　公人の友社
120-0002　東京都文京区小石川５－２６－８
TEL 03-3811-5701　FAX 03-3811-5795
メールアドレス　koujin@alpha.ocn.ne.jp
ホームページ　http://www.e-asu.com/koujin/